Kurvendiskussion. Wörterbuch der populären Mathematik

Kurvendiskussion

Wörterbuch der populären Mathematik

Vasco Alexander Schmidt

Bibliografische Information der Deutschen Nationalbibliothek:

Die Deutsche Nationalbibliothek verzeichnet diese Publikation in der Deutschen Nationalbibliografie; detaillierte bibliografische Daten sind im Internet über http://dnb.dnb.de abrufbar.

© 2023 Vasco Alexander Schmidt
Korrektorat: Books on Demand

Herstellung und Verlag: BoD – Books on Demand, Norderstedt

ISBN: 978-3-7562-3654-1

Einleitung

Über Mathematik schreiben: Das kann auch schiefgehen. Oft will die eigene Begeisterung für das Fach nicht überspringen und der Versuch, die Schönheit der Mathematik einzufangen und weiterzugeben, scheitert. Eine bittere Erfahrung für Mathematiker. Wer dieses Wörterbuch durchblättert, mag eine ähnliche Enttäuschung empfinden. Die Einträge sind weder vollständig noch systematisch, die Definitionen meist oberflächlich und vage. Ihre Form verrät ihre Herkunft: Sie stammen aus Zeitungen und sind Ergebnis eines Sammelns, Notierens, Sortierens und Redigierens – die mathematischen Spuren meiner Zeitungslektüre von über 30 Jahren. Wie in einem Wimmelbuch möchte ich die vielen Themen, über die geschrieben wurde, wachhalten und Fährten legen, damit wir die Welt der Mathematik immer wieder neu entdecken können. Im Internet geht nichts verloren, aber richtig finden kann man die Themen der Vergangenheit auch nicht. Das Wörterbuch der populären Mathematik ist der Versuch, das mathematische Wissen, das sich in Zeitungen findet, festzuhalten.

Für die inhaltliche Korrektheit der Einträge gibt es, wie beim Zeitunglesen, keine Garantie. Offensichtlich falsche Definitionen wurden nicht übernommen, einige Angaben zusammengeführt und gekürzt. Um die Vielzahl an Themen einzufangen, habe ich jeweils nur erste Eindrücke aufgenommen – die ersten ein, zwei Definitionen, mit denen Journalisten die Begriffe und Personen einführen. Dadurch zeigen die Einträge immer auch die Perspektiven, aus der Mathematik erzählt wird. Gesammelt wurden die Artikel nur ganz selektiv – zwar über einen langen Zeitraum (von 1988 bis 2022), aber nicht systematisch, sondern abhängig von der verfügbaren Zeit und sich wandelnden Interessen. Die ersten Artikel stammten aus meiner Schul- und Studienzeit. Später als Journalist war ich immer auf der Suche nach neuen Themen und journalistischen Vorbildern (ja, es gibt sie, die begnadeten Mathematik-Journalisten). Als Linguist versuche ich das Verständlichmachen zu verstehen. So bringe auch ich als Leser meine Perspektiven ein. Das Lexikon, das Sie in den Händen halten, ist daher kein Nachschlagewerk, sondern eine persönliche Sammlung mathematischer Popularisierungsversuche.

Um dennoch nützlich zu sein, folgt das Wörterbuch weitgehend einer alphabetischen Sortierung. Maßgeblich ist jeweils der Wortteil mit der Hauptbedeutung. Bei gleichem Grundwort werden Einträge entsprechend der Bestimmungswörter und Attribute alphabetisch sortiert. Diese zweifache Sortierung lädt zum Nachschlagen ein, verlangt aber auch ein Schmökern, da einige Einträge, die gleichlautend beginnen, nicht untereinander stehen. So findet sich „Mersenne" unter „M" und „Mersenne-Zahlen" unter „Z". Zahlen und Formeln erscheinen dort, wo sie nach ihrer verbalen Umschreibung alphabetisch hineinpassen. Die Definitionen habe ich, wo möglich, wörtlich übernommen, meist aber für die bessere Lesbarkeit redigiert. Um Doppelungen zu vermeiden, wurden Belege weggelassen, die mit anderen identisch oder ihnen zu ähnlich sind. Manche Angaben zu Mathematikern ändern sich über die Zeit, etwa durch neue Rollen oder einer veränderten öffentlichen Wahrnehmung. Um den Stand der Angaben zu markieren, habe ich sie durch eine Jahreszahl in Klammern ergänzt. Diese gibt das Erscheinungsjahr des Artikels an, aus dem die Information entnommen wurde. So lassen sich die Karrieren der Mathematiker in ihrem Verlauf erkennen. Geburts- und Todesjahre wurden zum Teil von Wikipedia übernommen, ebenso Vornamen, wo diese in den Belegen fehlten.

Trends und Themen

Wie jedes Schreiben folgt auch das Schreiben über Mathematik Trends und Moden. In den 1990-er Jahren wird die Chaostheorie populär, andere beliebte Themen sind die Spieltheorie, Fuzzy-Logik sowie die angewandte und diskrete Mathematik. Auch der mathematische Fortschritt spiegelt sich in den Einträgen wider: So ist der Beweis der Fermatschen Vermutung durch Andrew Wiles 1993/1994 eines der sichtbarsten Themen, doch auch andere Beweise schaffen es in die Zeitung, z. B. Gregori Perelmans Nachweis der Poincaré-Vermutung von 2003. Das Thema Quantencomputer beginnt in den 1990-er Jahren mit Berichten zu Peter Shors Algorithmus zum Faktorisieren großer Zahlen. 30 Jahre später erscheinen Artikel zu Prototypen dieser Rechner und ersten kommerziellen Angeboten. In den 2010-er Jahren rücken Algorithmen in die öffentliche Diskussion. Ab 2020 tauchen immer wieder mathematische Aspekte der Corona-Pandemie auf. Viele Einträge lassen erkennen, wie die Mathematik in die Kultur (Tanz, Bühnenbilder) und Wirtschaft (Kennzahlen, Märkte) hineinreicht sowie in der Informatik bedeutsam ist (Computer, Optimierung). Gelegentlich wird sie als abgesondert und esoterisch inszeniert (Pi und Unendlichkeit), manchmal – oft unbewusst – scheint sie in der Alltagssprache auf (Quadratur des Kreises, Pi mal Daumen). Beim Wiederentdecken der Themen fällt auf, dass nur wenige Einträge zeitgebunden oder veraltet sind. Viele mathematische Themen sind zeitlos. Pi und die Primzahlen, Hilbert und Gödel tauchen in all den Jahren immer wieder auf. Sie gehören zum Kanon der populären Mathematik.

Weiterlesen

Es gibt einige engagierte Mathematiker, die die Mathematik sehr erfolgreich in die Zeitungen tragen. So hat Keith Devlin Kolumnen für den Manchester Guardian geschrieben und später in einem Band mit dem Titel „All the Math that's Fit to Print" veröffentlicht. Die Kolumnen von George G. Szpiros aus der Neuen Zürcher Zeitung sind ebenfalls in Büchern erschienen, angefangen mit der „Mathematik für Sonntagmorgen". Anregend ist auch die Kolumne „Fünf Minuten Mathematik" aus der Zeitung „Die Welt", die Ehrhard Behrends in erweiterter Form als Buch veröffentlicht hat. Die berühmteste Mathematik-Kolumne sind freilich die „Mathematical Games" von Martin Gardner aus der Zeitschrift „Scientific American". Mittlerweile gibt es eine mehrbändige englische Ausgabe seiner Beiträge. Auf Deutsch sind bereits Bücher mit einer Auswahl an Gardners Geschichten, Rätseln und Zaubereien erschienen. Ian Stewart, dessen „Mathematical Recreations" ebenfalls in „Scientific American" erschienen, hat auch zahlreiche populärwissenschaftliche Bücher veröffentlicht. Die Texte von Christoph Pöppe, der die Tradition der mathematischen Unterhaltungen in der deutschen Ausgabe „Spektrum der Wissenschaft" weiterführt, warten noch auf eine Veröffentlichung in Buchform.

Auf Wikipedia finden sich zahlreiche informative Artikel mit weiterführenden Informationen zu mathematischen Begriffen und Personen. Überhaupt gibt es im Internet zahlreiche gut gemachte Mathematikseiten mit Texten, Bildern, Videos und Rätseln, die Wissenswertes und Unterhaltsames aus der Welt der Mathematik präsentieren. Wer die Namen und Begriffe aus dem Wörterbuch in Suchmaschinen eingibt, wird interessante Quellen entdecken. Zudem enthalten viele populärwissenschaftliche Bücher exzellente Passagen mathematischer Literatur. Einige Bücher sind im Wörterbuch erwähnt. Hier sollen drei Werke beispielhaft hervorgehoben werden. Zunächst „Das Wunder der Geometrie" von David Acheson, das schöne und auch überraschende Sätze und Beweise der elementaren Geometrie enthält – in der Tradition von Euklids Elementen. Als Klassiker gilt auch „Erfahrung Mathematik" von Philip J. Davis und Reuben Hersh, die die menschliche Seite der Mathematik beschreiben und philosophische Einblicke geben. „Das BUCH der Beweise" von Martin Aigner und Günter Ziegler richtet sich an mathematisch gebildete Leser und enthält so viel schöne Mathematik, die zudem so gut und prägnant aufgeschrieben ist, dass sich jede Anstrengung des Lesens, Studierens und Verstehens lohnt.

Ich hatte das Glück, in meiner Schulzeit, im Studium und als Journalist Mathematikern zu begegnen, die mich in ihre Welt mitgenommen und mir die Schönheit der Mathematik gezeigt haben. Sie weckten in mir eine unstillbare Neugier. Dankbar blicke ich zurück und lege mit diesem Wörterbuch der populären Mathematik ein Kaleidoskop vor, das viele Erinnerungen an persönliche Begegnungen und mathematische Lektüren enthält. Vielleicht, und darauf hoffe ich, finden auch Sie, liebe Leserinnen und Leser, darin publizistische und mathematische Anregungen.

Vasco Alexander Schmidt
Im Dezember 2022

Algorithmus

Abakus

Rechengerät, mit dem
schon die alten Griechen
und Römer rechneten

Abakus-Rechnen

ungemein anschauliche
Rechenweise, bei der jede
Zahl als Anzahl von Kugeln
erfahrbar ist

abstrahieren

wegnehmen, was
wegzunehmen ist

Abstraktion

Erfolgsgeheimnis der
Mathematik:

*„Der Mathematik wird vorge-
worfen, abstrakt zu sein, als
brächte sie das auf die schiefe
Bahn. Dabei liegt gerade in der
Abstraktion die Ursache einer
phänomenalen, oft ganz unbe-
absichtigten Wirksamkeit. Die
Bereitschaft, bei einem Problem
alles, was überflüssig erscheint,
gedanklich zu eliminieren und
das tatsächlich Vorhandene mit
allen möglichen oder sogar un-
möglichen Alternativen zu vergleichen, ist das Erfolgsgeheimnis der Mathematik."*

Karl Sigmund in „Strategien der
Evolution" (Standard, 6.7.1997)

Niels Henrik Abel (1802-1829)

Mathematiker, der intuitive
durch definitorische und
verifikatorische Verfahren
in der Analysis ersetzt hat

Abel-Preis

nach Niels Hendrik Abel
benannter, anlässlich seines
zweihundertsten Geburtstags
2002 ins Leben gerufener
Mathematikpreis

abzählbar

Eigenschaft von Mengen, deren
Elemente sich in einer Reihe
anordnen lassen

überabzählbar

Sorte Unendlichkeit größeren
Rangs und Umfangs
Eigenschaft von Mengen wie
die der reellen Zahlen, deren
Elemente sich nicht der Reihe
nach anordnen lassen, da immer
noch welche dazwischen passen

liegende Acht

Symbol für das Unendliche

Jeffrey Adams (*1955)

Mathematiker von der
University of Maryland in
College Park, der mit seinem
Team die Lie-Gruppe E8
entschlüsselt hat

adaptives Verfahren

Verfahren, um bei komplexen Rechnungen den Rechenaufwand zu reduzieren

Rechenverfahren, bei dem man nicht sämtliche Bereiche mit derselben Genauigkeit berücksichtigt

Addiator

Schiebe- und Ziehmechanik zum Addieren von Zahlen auf der Rückseite von Rechenschiebern

Addition

Aufforderung zum Vorwärtszählen

Leonard Adleman (*1945)

Miterfinder des RSA-Verfahrens

Mathematiker und Professor für Informatik in Los Angeles, der in den 70-er Jahren Ruhm als einer jener drei Mathematiker erlangte, die die Theorie einer sicheren Datenverschlüsselung mittels gespaltener Schlüssel praktisch einsetzbar machten (1995)

Mathematiker von der University of Southern California in Los Angeles, der entdeckte, welch enormes Rechenpotential in der DNS verborgen liegt (1996)

Mathematiker, dem es gelungen ist, eine besonders tückische Variante des Problems des Handlungsreisenden in die Sprache der Molekularbiologie zu übersetzen

Aha-Moment

klarer, erhabener Moment nach einem mühsamen labyrinthischen Weg mathematischer Problemlösung

Wilhelm Ahrens (1872-1927)

Mathematiker, dem es 1910 zu beweisen gelang, dass es für jedes Schachbrett mit mehr als 3*3 Feldern Lösungen des Damenproblems gibt

Wulf Albers

Wirtschaftsmathematiker, der versucht, die Feinstruktur menschlicher Entscheidungsprozesse sichtbar zu machen

Martin Aigner (*1942)

Mathematiker von der Freien Universität Berlin, der nach dem Beweis des Vierfarbensatzes durch Paul Seymour optimistisch in die Zukunft blickt: „Der Bann scheint jedenfalls gebrochen und damit ist der Weg frei gemacht für einen noch kürzeren und vielleicht letztlich sogar ganz und gar computerfreien Beweis." (1995)

Ko-Autor des von Paul Erdös inspirierten Buchs „Proofs from the BOOK" („Das BUCH der Beweise") und einer der Organisatoren des Mathematik-Weltkongresses in Berlin 1998

Mitherausgeber des Buches „Alles Mathematik. Von Pythagoras zum CD-Player"

Kombinatorikprofessor

Mathematiker, der sagt, dass Mathematik U- und E-Musik zugleich sei:

„Mathematik ist beides: Kunst und Alltag, ein wunderbares Gebäude reinen Denkens und Anwendung auf die elementarsten Probleme, ein Grenzen-Überschreiten in noch niemals zuvor Gedachtes und ein Grenze-Ziehen des Machbaren. Wenn man so will: Mathematik ist E- und U-Musik zugleich."

Martin Aigner in „Mathematik ist U- und E-Musik zugleich" (Berliner Morgenpost, 28.8.1998)

formale Algebra des Denkens

von Leibniz erschaffenes Kalkül, mit dem dieser jede sinnvolle Frage dadurch zu beantworten dachte, dass man die Antwort einfach ausrechnet

im Jahr 1686 von Leibniz erschaffene Algebra, welche aus deduktiver Sicht äquivalent ist zur viel später sogenannten Booleschen Algebra

Boolesche Algebra

Schaltlogik des Computers

Algebra aus dem Jahr 1847, bei der die Wahrheitswerte 0 und 1 durch Elementaroperationen wie „und" und „oder" zu bisweilen sehr komplexen Ausdrücken verknüpft werden

Algebra

Rechnen mit Unbekannten

Rechnen mit Ergänzungen und Ausgleich

Fachgebiet, das – wie es heute in der Mathematik betrieben wird – mit dem, was wir in der Schule darüber gelernt haben, fast nichts mehr zu tun hat:

„Wer nicht gerade in einer Mathe-Arbeitsgemeinschaft den modernen Gymnasialunterricht genossen hat, stolpert allein schon über die Grundbegriffe wie ‚Körper', ‚Ringe', ‚Gruppen', ‚Ideale', die allesamt nicht das Geringste mit dem gemeinsam haben, was wir gewöhnlich mit diesen Vokabeln assoziieren. Wie um alles in der Welt soll man die ‚Generische Zerfällung von reduktiven algebraischen Gruppen' (Titel einer ihrer Publikationen) erklären?"

Thomas von Randow über das Fachgebiet von Ina Kersten in „Ästhetik der Algebra" (Zeit, 20.1.1995)

Computer-Algebra

Versuch, Rechner so zu programmieren, dass sie komplizierte mathematische Umformungen automatisch vornehmen können

mathematisches Gebiet, das z. B. in der Robotik gebraucht wird

normierte Divisionsalgebra

Sorte Algebra, zu der die reellen Zahlen, komplexen Zahlen, Quaternionen- und Oktonienalgebra gehören und von der es nur diese vier gibt

lineare Algebra

mathematisches Gebiet, dessen Bedeutung darin liegt, dass es als Sprache gute Beschreibungen von Gegebenheiten unserer wissenschaftlich-technischen Welt ermöglicht

moderne Algebra

mathematische Disziplin, deren Entwicklung Ende der 20-er Jahre des 19. Jahrhunderts mit der Entdeckung von Gruppen durch den damals siebzehnjährigen Franzosen Evariste Galois begann

Oktonienalgebra

Algebra in acht Dimensionen

normierte Divisionsalgebra, die sich von ihren Geschwistern durch die Eigenschaft der Nichtassoziativität unterscheidet

Algebra, die unter anderem aufgrund gewisser vertrackter physikalisch deutbarer Symmetrie-Eigenschaften just die richtige Algebra für die vielberedeten kurrenten M- und Stringtheorien ist

Quaternionenalgebra

Algebra in vier Dimensionen

Algorithm Watch

Initiative, die sich kritisch mit Algorithmen und deren Verwendung durch Firmen und Behörden beschäftigt

Algorithmiker

Mensch mit algorithmischer Lebensweise:

„Wenn ein Algorithmiker seine Wohnung aufräumt, macht er sich keinen Plan, sondern fängt irgendwo an und vollzieht die an diesem Ort jeweils wichtigste Aktion. Hat er den Gegenstand an einen anderen Platz getragen, sieht er sich dort um und vollzieht wiederum – und so weiter. Bis ein aufgeräumter Zustand erreicht ist (oder eine brauchbare Annäherung daran)."

Gero von Randow in „Ecke, Kante, Fläche" (Zeit, 28.11.1997)

algorithmisch

Schritt für Schritt

algorithmisierbar

programmierbar

algorithmisiert

von Algorithmen geprägt oder übernommen

Algorithmus

logische Abfolge von
Rechenvorschriften

komplexe Rechenoperation,
Rechenprozedur

Programm, Verfahren,
Methode, Formel, Prozess

Protokoll, Betriebsanleitung,
Verfahrensvorschrift,
Vorgehensweise,
Handlungsanweisung,
Satz von Regeln

z. B. ein Kochrezept,
Computerprogramm

schrittweises und strikt formal
zu befolgendes Rezept für die
Lösung eines Problems

Programm, das innerhalb einer
sinnvollen Zeit eine Lösung für
das Problem liefert, für das es
erdacht wurde

schrittweise Anweisung für
Computer, die sich ganz auf
das Notwendige beschränkt
und zwingend zum gewünschten
Ergebnis führt

computerprogrammartige
Schritt-für-Schritt-Rechen-
anweisungen

To-do-Liste für Computer

Automatisierungsverfahren, das
Diskriminierung, Manipulation
oder einen Mehrwert in sich
tragen kann

Ausdruck von Meinungsfreiheit,
in die der Staat nicht eingreifen
darf

Wenn-dieses-dann-jenes-
Kochrezept für Datensuppen

Instruktionen und Kalkulationen,
die auf Gleichungen und Zahlen
basieren, weshalb sie von Entwicklern als objektiv gepriesen
werden und doch wie jede Software von Menschen geschrieben
sind

Sorte Software, die vergleichsweise überschaubar ist:

*„Algorithmen sind, verglichen mit
anderen Sorten Software, überschaubar – zum Vergleich: Das
Betriebssystem von Microsoft,
Vita, frisst hundert Millionen Zeilen Programmcode, während die
schönsten Algorithmen auf eine
Postkarte passen."*

Dietmar Dath in „Das Problem aller
Probleme" (FAZ, 27.3.2018)

Backtracking-Algorithmus

mathematisches Verfahren,
mit dem man kombinatorische
Aufgaben systematisch
durchprobiert

Algorithmus, der sich dadurch
auszeichnet, dass er selbst für
sehr umfangreiche Probleme
nur wenig Speicherplatz im
Computer benötigt

Bewertungsalgorithmus

Algorithmus, der das Verhalten
von Menschen bewertet, z. B.
das Autofahren im Hinblick auf
umweltschonendes Fahren

deterministischer Algorithmus

Algorithmus, bei dem jeder Rechenschritt durch seine Vorschrift erschöpfend bestimmt ist

Algorithmus, der auf Zufall verzichtet

Algorithmus, der unter gleichen Eingaben und unter gleichen Startbedingungen immer dasselbe Ergebnis liefert

nicht-deterministischer Algorithmus

Algorithmus, bei dem sich die Arbeitsweise unterwegs zur Lösung ändern kann

Einstellungsalgorithmus

Algorithmus, der darauf getrimmt wird, zu kalkulieren, wie lange ein neuer Mitarbeiter der Firma erhalten bleiben dürfte

Empfehlungsalgorithmus

Algorithmus, der uns sagt, welche Musik wir hören wollen, welches Buch wir lesen möchten und welche Menschen wir treffen sollen

Algorithmus, der anratet, indem er auflistet

Eskalationsalgorithmus

automatisiertes Verfahren auf Social-Media-Plattformen, die Anfeindungen und Übergriffe auf Minderheiten begünstigen

genetischer Algorithmus

künstliche Evolution auf dem Computer

Verfahren, das das Prinzip der sexuellen Fortpflanzung imitiert

Verfahren, das mit einer ganzen Population zufällig gewählter Fahrtrouten startet, die durch Kombination ihrer Wege Nachkommen erzeugt, wobei gilt, dass je billiger eine Route ist, umso höher ihre Fitness, wodurch teure Routen aussterben, während sich die billigen durchsetzen

Rechenmethode, die einen bekannten Optimierungsprozess in der Natur, die Evolution, nachahmt, z. B. zur Lösung des Problem des Handlungsreisenden:

„Statt mit nur einer möglichen Städtetour beginnen diese Verfahren mit mehreren, zum Beispiel 100 Routen. Von diesen Rundgängen werden die Längen berechnet und die schlechtesten zehn Prozent gestrichen. Aus dem besten Fünftel wird aus je zwei Touren eine neue, der ‚Nachkomme', ermittelt. Die nächste Generation besteht dann aus den Nachkommen und den übriggebliebenen Touren der Elterngeneration. Lässt man diesen künstlichen Selektionsprozess einige Generationen laufen, erhält man Lösungen, die nur wenige Prozent schlechter als das Optimum sind."

Wolfgang Blum in „Chaos, Chips und Handlungsreisende" (SZ, 20.9.1990)

Euklidischer Algorithmus

systematisches Verfahren, um den größten gemeinsamen Teiler zweier Zahlen zu finden

evolutionärer Algorithmus

Algorithmus, welcher die Weitergabe von Erbinformationen kopiert

Facebook-Algorithmus

persönlicher Chefredakteur

Fuzzy-Algorithmus

Algorithmus, in dem linguistische Variablen an die Stelle numerischer Variablen treten

Google-Algorithmus

geheimer Algorithmus, der aus Suchanfragen in Sekundenbruchteilen Trefferlisten zaubert:

„Doch hütet der Konzern seinen Algorithmus stärker als Coca-Cola sein Rezept. Google argumentiert dabei mit einer drohenden Gefahr: Es sei schon immer versucht worden, Suchergebnisse zu manipulieren. Je mehr der Konzern preisgebe, wie er Suchergebnisse gewichte, desto anfälliger sei er für bösartige Akteure."

Jonas Jansen in „Die Zähmung des Algorithmus" (FAZ, 3.5.2018)

Googles Ur-Algorithmus

Algorithmus, der bereits 1998 von Sergey Brin und Larry Page kreiert wurde und später immer wieder modifiziert wurde, so dass nun mehr als 200 Kriterien bei der Auswahl der Treffer eine Rolle spielen

Greedy-Algorithmus

nach dem englischen Wort für gierig benannter Algorithmus, der die Suche nach dem kürzesten Weg beschreibt, z. B. beim Drängeln im Bus, um Erster zu sein

Grover-Algorithmus

Algorithmus, der das effiziente Durchsuchen großer Datenbanken mit dem Quantencomputer möglich macht

Algorithmus für Hass und Hetze

Algorithmus, der bei der täglichen Nachrichtenzufuhr in sozialen Medien und Upload-Plattformen Desinformation, Hassrede und Hetze begünstigt

Lernalgorithmus

Algorithmus für die Trainingsphase von neuronalen Netzen

Algorithmus, mit dem ein neuronales Netz übt, für ein bestimmtes eingegebenes Muster möglichst korrekte Ausgabedaten zu liefern

Algorithmus im Netz

Algorithmus, der belohnt, was
Aufsehen erregt

Page-Rank-Algorithmus

Kern des Google-Algorithmus,
zu dem es eine Patentschrift gibt

Suchalgorithmus, der die gefundenen Internetseiten in einer
Rangliste anordnet

Logik, nach der Google nicht das
anzeigt, was wir suchen, sondern
das, von dem es glaubt, dass wir
danach suchen

polynomieller Algorithmus

Algorithmus, dessen Rechenzeit
nicht explosionsartig mit der
Größe des Problems wächst

Quantenalgorithmus

schneller, weil systemisch
operierender Algorithmus
für Quantencomputer

Algorithmus, der auf drei
Quantenbits mit drei Operationen acht Werte verändern
kann, während klassische Algorithmen dazu mindestens acht
Operationen brauchen

Algorithmus, der bei Problemen,
die für klassische Rechner harte
Nüsse sind, Vorteile bietet,
z. B. bei Simulationen

Rundreise-Algorithmus

Algorithmus, der eine Lösung
für das Problem des Handlungsreisenden ermittelt

Scoring-Algorithmus

Algorithmus, der anhand der
persönlichen Zahlungsmoral,
des individuellen Umfelds sowie
der Wohn- und Arbeitssituation
die Kreditwürdigkeit eines
Bürgers bestimmt

Shor-Algorithmus

Quantenalgorithmus, der große
Zahlen in Primfaktoren zerlegt

Verfahren, mit dem es möglich
wäre, Zahlen zu faktorisieren,
für die ein klassischer Computer,
sei er noch so leistungsfähig,
mehrere Milliarden Jahre
bräuchte

Algorithmus, der die Verschlüs-
selungstechnik von heute obso-
let machen könnte

softer Algorithmus

Algorithmus, bei dem es die
Programmierer vorziehen, die
Maschine mit weniger Regeln
auszustatten, dafür aber mit
Vorgaben, die es erlauben,
bestimmte Schritte selbst
zu tun

statistischer Algorithmus

Algorithmus, der aus gewonnenen Daten Vorhersagemodelle und Verhaltensprognosen zu generieren versucht

Algorithmus, der Dinge ableitet, die in der Zukunft liegen

Super-Algorithmus

Abkürzungsverfahren für NP-Probleme:

„Die entscheidende Frage, die sich hier stellt, ist: Wenn man die Lösung eines Problems schnell überprüfen kann, gibt es dann nicht auch ein schnelles Lösungsverfahren? Man würde doch im Grunde erwarten, dass ein geeigneter raffinierter Super-Algorithmus, den wir einfach noch nicht entdeckt haben, ein Abkürzungsverfahren bringen und das NP-Problem in ein P-Problem verwandeln könnte."

Eduard Kaeser in „Die Zähmung der widerspenstigen Komplexität" (NZZ, 6.2.2016)

Trading-Algorithmus

Typ von Algorithmen, die beim Flashcrash der Wall Street aus dem Ruder liefen

undurchsichtiger Algorithmus

Algorithmus, bei dem Nutzer nicht nachvollziehen können, wie er zu seiner Entscheidung kommt

Zukunftsalgorithmus

Algorithmus, mit dem man seinen Musikkonsum, seine Lektüre oder auch nur den Inhalt der Urlaubskoffer bestimmen lässt und dadurch über kurz oder lang an Langeweile stirbt

Algo-Trading

Kauf und Verkauf von Aktien, bei dem die meisten Entscheidungen nicht mehr von menschlichen Hirnen, sondern von Algorithmen getroffen werden

Abu Ja'far Mohammed ibn Musa al-Khowarizmi (ca. 780-850)

muslimischer Astronom, Mathematiker und Namensgeber des Begriffs Algorithmus

persisch-arabischer Mathematiker, auf den der Begriff Algorithmus zurückgeht, da er in seinem grundlegenden Werk „Über die indischen Zahlen" mit Rechenschriften, also Algorithmen, hantierte

Noga Alon (*1956)

Mathematiker von der Universität Tel Aviv, der 1991 gemeinsam mit Michael Tarsi bewies, dass man außer für n gleich drei auch für n gleich vier oder sechs immer ein partielles lateinisches Quadrat finden kann (1994)

mathematische Alphabetisierung

Erklärung von Mathematik für Laien, wie sie Ian Stewart in einem seiner Bücher beschreibt:

„Der Laie: ‚Können Sie mir das in Worten erklären, die für gewöhnliche Sterbliche verständlich sind?'

Der Mathematiker: ‚Das geht nicht. Wie soll ich über Mannigfaltigkeiten sprechen, ohne zu erwähnen, dass die Sätze, um die es geht, nur dann funktionieren, wenn diese Mannigfaltigkeiten endlich dimensional, parakompakt und hausdorffsch sind, und wenn sie keinen leeren Rand haben?'

Der Laie: ‚Dann lügen Sie eben ein bisschen.'

Der Mathematiker: ‚Das liegt mir aber nicht.'

Der Laie: ‚Warum nicht? Alle anderen lügen doch auch.'

Der Mathematiker: ‚Aber ich muss doch bei der Wahrheit bleiben.'

Der Laie: ‚Sicher. Aber Sie könnten sie ein bisschen verbiegen, wenn dadurch verständlicher wird, was Sie eigentlich treiben.'

Der Mathematiker: (skeptisch, aber von seinem eigenen Wagemut beflügelt): ‚Meinetwegen. Es käme auf einen Versuch an.'"

Thomas de Padova zitiert Hans Magnus Enzensberger, der Ian Stewart zitiert, in „Verschanzt hinter Triumphen" (Tagesspiegel, 26.8.1998)

Analysis

Disziplin, mit deren Hilfe unendliche Strukturen und Grenzwerte untersucht werden

Funktionalanalysis

Disziplin, in der die Konzepte vieldimensionaler Räume eine Ehe mit der Lehre von den mathematischen Funktionen eingehen

globale Analysis

Disziplin, die darauf aufbaut, dass durch Differentialgleichungen praktisch alle Vorgänge in der realen Welt beschrieben werden

komplexe Analysis

Theorie der analytischen Funktionen einer oder mehrerer komplexer Variablen

stochastische Analysis

Disziplin, in der Zufallsprozesse aller Art untersucht werden, z. B. das chaotische Verhalten von Aktienkursen

Analytical Engine

von Charles Babbage erfundene Rechenmaschine, deren Hardware rein mechanisch arbeitet und mittels Lochkarten programmiert werden sollte

analytisch

Prädikat einer Abbildung, die optimale Eigenschaften bezüglich ihrer Differenzierbarkeit hat, u.a. dass sie unendlich oft differenzierbar ist

Apfelmännchen

graphisches Abbild der Mandelbrot-Menge

fraktales Muster und eines der bekanntesten mathematischen Gebilde

berühmtes Fraktal, unvermeidliches Fraktal

Apollonius von Perga (252-190 v.Chr.)

Mathematiker, der sich vor zweitausend Jahren damit beschäftigte, Kegel aufzuschneiden, und zwar horizontal, vertikal und diagonal

Mathematiker, der in acht Bänden das Grundwissen vom Wesen der Hyperbeln, Parabeln und Ellipsen aufgeschrieben hat

Kenneth Appel (1932-2013)

amerikanischer Mathematiker von der University Illinois, dem 1976 gemeinsam mit Wolfgang Haken ein computergestützter Beweis des Vierfarbensatzes gelang (1995)

Approximation

Näherungsverfahren

Verfahren, das die Berechnung einer suboptimalen Lösung mit garantiertem Fehler erlaubt

äquivalent

etwas, das sich durch Ziehen und Stauchen aus einem ersten Muster erzeugen lässt und zudem noch dieselbe Symmetrie besitzt

Arbeitstagung

Format für Expertenkongresse, das Friedrich Hirzebruch 1957 im Rahmen des Sonderforschungsbereichs Theoretische Mathematik erfand

Kongress ohne Programm, bei dem die geladenen Gäste unter sich ad hoc zu entscheiden haben, welche Themen sie diskutieren und von wem sie Referate hören wollen

Arbitrage

spekulativer Gewinn ohne Risiko

No-Arbitrage-Prinzip

Annahme, dass man mit einer richtig bewerteten Option kein Portfolio schnüren kann, das einem sicheren Gewinn entspricht

Prinzip, das für das mathematische Modell risikolose Spekulationsgewinne ausschließt, z. B. bei Wechselkursen

Archimedes von Syracus (um 287-212 v.Chr.)

griechischer Gelehrter, der vor mehr als 2000 Jahren die ersten beiden Stellen von Pi berechnet hat

Mathematiker, auf den die wohl erste streng mathematische Berechnung der Konstante Pi zurückgeht, bei der er Vielecke benutzte, um einen Kreis näherungsweise zu beschreiben

Mathematiker, der die Flugbahnen von Kanonenkugeln berechnet hat

Mathematiker der Antike, der wie kein anderer zu der engen Verzahnung von Mathematik und Physik beigetragen hat, die heute Grundlage der modernen Naturwissenschaften ist

griechischer Mathematiker und Physiker, über den berichtet wird, dass er, als die Römer anrückten, um die Stadt Syrakus zu erobern, damit beschäftigt gewesen war, geometrische Figuren in den Sand zu zeichnen und der, als er festgenommen werden sollte – gestört in seiner Tätigkeit –, ziemlich unwillig auf die Soldaten reagiert haben soll und ausrief: „Störe meine Kreise nicht!", woraufhin er von einem der Soldaten getötet wurde

Arithmetica integra

Mathematikbuch von Michael Stifel von 1544

Arithmetik

mathematische Disziplin, in der es häufig Zahlentabellen gewesen sind, an deren Betrachtung einem klugen Kopf plötzlich eine Gesetzmäßigkeit auffiel, die bis dato niemand bemerkt hatte

binäre Arithmetik

Arithmetik mit 0 und 1, die in praktisch allen modernen Rechenmaschinen Anwendung findet

parteiinterne Arithmetik

Arithmetik, in der sich Politiker einen Ruf erarbeiten, um bei der Verteilung von Posten mit Berücksichtigung rechnen zu können

Arithmeum

Museum in Bonn, das seit September 1999 Rechnen als intellektuelles wie ästhetisches Erleben präsentiert

Wladimir Arnold (1937-2010)

russischer Mathematiker und Vertreter einer Art milden Revisionismus, der es u. a. der Hegemonie axiomatisch-deduktiver und mengentheoretischer Stile in der Mathematik der ersten Hälfte des 20. Jahrhunderts anlastet, dass das für die Physik sehr zentrale Problem des Übergangs vom Kontinuierlichen zum Diskreten so lange mathematisch vernachlässigt worden sei

Fundamentalsatz der Arithmetik

Erkenntnis, dass jede natürliche Zahl entweder selbst prim ist oder in eindeutiger Weise als ein Produkt von Primzahlen darstellbar ist:

„Wie die Moleküle aus den chemischen Elementen, so sind die Zahlen aus Primzahlen zusammengesetzt. Dies belegt der Fundamentalsatz der Arithmetik, den vor 2500 Jahren der griechische Mathematiker Euklid bewiesen hat: Jede natürliche Zahl ist entweder selbst prim oder in eindeutiger Weise als ein Produkt von Primzahlen darstellbar. Beispiel: 126 ist das Produkt aus den vier Primzahlen 2, 3, 3, 7, und kein Produkt aus anderen Primzahlen liefert 126. Wegen dieser elementaren Bedeutung mag das Studium der Primzahlen für die Erforschung der Zahlenwelt ebenso förderlich sein, wie es die Entdeckung der chemischen Elemente für das Verständnis der Stoffe gewesen ist. Die Chemiker hatten es freilich leichter. Von ihren Elementen gibt es gut hundert, von den Primzahlen aber unendlich viele, wie ebenfalls Euklid bewiesen hat."

Thomas von Randow in „Jagd auf Monster" (Zeit, 27.9.1996)

Benno Artmann (1933-2010)

Mathematiker aus Göttingen, der auf einem Dürer-Symposium 2008 (nicht nur) über „Die Geschichte der Darstellungen des Ikosaeders" berichtete

Frederick Ashton (1904-1988)

Tanz-Choreograph, dessen Ausgangspunkt nicht Erzählungen, sondern geometrische Formen waren, und der, obwohl er in der Schule über Algebra und Geometrie verzweifelt war, mit Euklid unter dem Arm in die Proben kam und seine Tänzer aufforderte, für Theoreme räumliche Lösungen zu finden

Nicht-Assoziativität

Eigenschaft einer Algebra, in der das Produkt a(bc) dem Produkt (ab)c nicht gleich ist

Sir Michael F. Atiyah (1929-2019)

Mathematiker von der University of Edingburgh, der gemeinsam mit Isadore M. Singer für ihre herausragenden Arbeiten auf dem Gebiet der Indextheorie mit dem Abel-Preis geehrt wurde (2004)

einer der bekanntesten Mathematiker Großbritanniens, der mit der Fields-Medaille (1966) und dem Abel-Preise (2004) die beiden höchsten Auszeichnungen erhalten hat, die in der Mathematik vergeben werden

Mathematiker, der meint, dass Verstehen wichtiger als Beweisen sei, da ein Beweis nur der letzte Schritt, eine letzte Überprüfung sei

Attraktor

Menge von Punkten, denen sich die Lösungen eines Gleichungssystems von Differenzialgleichungen immer mehr annähern

Lorenz-Attraktor

Aushängeschild der Chaosforschung

bizarr aussehender Attraktor, der zu einem Symbol für Ordnung im Chaos avancierte

Attraktor, der sich im dreidimensionalen Raum immer wieder um zwei Pole vorbeiwindet und dazwischen immer wieder am Nullpunkt vorbeikommt, ohne dass im Voraus absehbar ist, ob er dann in den linken oder rechten Flügel abbiegt

seltsamer Attraktor

Attraktor, bei dem sich eine kleine Menge von Ausgangspunkten schnell auf den gesamten Attraktor verteilt

zellulärer Automat

Computerhilfsmittel zur Simulation komplexer Systeme

Automat, der komplexes Verhalten auf der Basis einfacher Wechselwirkungen zwischen benachbarten Zellen hervorbringt

zentrales Konzept der neuen Wissenschaft von Stephen Wolfram, die dem deutschen Computerentwickler Konrad Zuse bereits Ende der 1960-er Jahre vorschwebte

Typ Automat, dessen Prinzip auf eine Idee von John von Neumann zurückgeht und den es lange Zeit nur auf dem Papier gab

Computerprogramm, das man auf einem karierten Blatt Papier mit dem Bleistift selbst abarbeiten kann und das dennoch erstaunliche Eigenschaften zeigt:

„Man beginnt zum Beispiel mit einem schwarzen Kästchen in der Mitte und nimmt sich dann Schritt für Schritt der benachbarten Kästchen an. Diese werden nur dann schwarz ausgemalt, wenn eine bestimmte Zahl an Nachbarn – zum Beispiel weniger als zwei oder mehr als drei – ebenfalls schwarz sind. Nach und nach entsteht dabei ein Muster. Wenn man die Regeln etwas verallgemeinert und geschickt formuliert, produziert der zelluläre Automat das Bild einer Schneeflocke oder das Streifenmuster von Zebras. Und mit ähnlichen Automaten lassen sich die Windungen von Schneckenhäusern simulieren. Alles ohne mathematische Formeln."

Vasco Schmidt in „Die Natur - ein Computercode" (Tagesspiegel, 16.9.2002)

Axiom

Grundannahme, Voraussetzung, Grundsatz und erstes Symbol

Voraussetzung, die ihrerseits keine Voraussetzungen hat

Behauptung, die ohne Beweisforderung für wahr genommen wird

Axiome

eine Handvoll unbewiesener, aber plausibler Grundannahmen

Grundlage einer mathematischen Theorie

Axiome der Logik

unbestrittene Regeln des folgerichtigen Denkens

Axiomensystem

Basis für die Mathematik, aus der sich alle Grundsätze logisch ableiten lassen

vollständiges Axiomensystem

Axiomensystem, in dem man alle in einer basalen Logiksprache formulierbaren Sätze beweisen kann

axiomatisch-deduktive Methode

Methode, bei der – statt Gleichungen aus halsbrecherischen Vermutungen abzuleiten – versucht wird, aus axiomatisch gesetzten Gleichungen wichtige Eigenschaften zu erhalten

Haris Aziz

Mathematiker von der University of South Wales in Australien, der gemeinsam mit Simon Mackenzie ein neidfreies Protokoll für eine beliebige Anzahl von Menschen entwickelt hat (2016)

Beweis

Charles Babbage (1791-1871)

Pionier des Computer-Zeitalters

Querkopf von kristallklarem Verstand, der im 19. Jahrhundert den Computer erfunden hat, und perfekter Organisator, bei dem selbst der Humor algorithmisch war

englischer Mathematiker, der ein vielseitiges Talent und ein ehrgeiziger Erfinder war

Louis Bachelier (1870-1946)

Stammvater der modernen Finanzmathematik

französischer Mathematiker, der in seiner Dissertation ein Modell für das Auf und Ab der Kurve von Wertpapieren entwickelt hat

Mathematiker aus Paris, der 1900 in seiner Doktorarbeit eine erste Formel für den Preis einer Option entworfen hat

Achim Bachem (*1947)

Mathematikprofessor an der Universität Köln, der mit Unternehmen Mathematik zur Anwendung bringt (1992)

Mathematiker und technisch-wissenschaftlicher Vorstand der Deutschen Forschungsanstalt für Luft- und Raumfahrt (DLR), der sich beschwert (1997):

„Wir haben in unseren Gebieten der Ingenieurwissenschaften unausgesetzt mit Mathematik zu tun, aber wir haben kaum Mathematiker, die sie anpacken wollen."

aus „Zahlen für alle Fälle" (Zeit, 12.12.1997)

David H. Bailey (*1948)

Mathematiker, dem es 1996 gemeinsam mit Kollegen gelang, eine Formel aufzustellen, mit der sich eine bestimmte Ziffernfolge von Pi berechnen lässt, ohne die vorherigen Ziffern zu kennen

Mathematiker, der zusammen mit Richard Crandall bewiesen hat, dass die ausgeschriebene Variante von Pi jede erdenkliche Zahlenkombination enthält

Mathematiker vom Lawrence Berkeley National Laboratory in Berkeley/Kalifornien, der gemeinsam mit Richard E. Crandall der Antwort auf die Frage nach der Normalität von Pi ein ganzes Stück näher gekommen ist (2001)

Michael Balinski (1933-2019)

US-amerikanischer Mathematiker, der 1982 gemeinsam mit Peyton Young bewiesen hat, dass bei der Verteilung der Abgeordnetensitze auf die Parteien der Wählerwille nur angenähert werden kann

Stefan Banach (1892-1945)

polnischer Mathematiker, von dem das Schottische Buch im Schottischen Café in Lwiw stammt

Banachraum

mathematische Menge aus Funktionen und Maßen

Satz von Banach und Tarski

Tatsache, dass das Denken eine Kugel so auseinandernehmen und zu zwei Kugeln wieder zusammensetzen kann, dass beide gleich viel Volumen haben wie die ursprüngliche Kugel

Peter Baptist (*1948)

Professor für Mathematikdidaktik an der Universität Bayreuth, der ein Buch veröffentlicht hat, das ausschließlich vom berühmten Satz des Pythagoras „$a^2+b^2=c^2$" und dessen verschiedenen Beweisen handelt (1998)

Josephe Émile Barbier (1839-1889)

Mathematiker, der vor knapp 150 Jahren bewies, dass eine Nadel, die man auf liniertem Papier fallen lässt, mit der Wahrscheinlichkeit von 2*l/π*d eine der Linien trifft, wobei l die Länge der Nadel und d der Abstand zwischen den Linien ist

John D. Barrow (1952-2020)

Autor des Buchs „Ein Himmel voller Zahlen"

Friedrich L. Bauer (1924-2015)

emeritierter Ordinarius an der TU München und Nestor der deutschen Computerwissenschaften (1999)

Mitglied im Kuratorium des Deutschen Museums und für die Konzeption des dortigen Mathematischen Kabinetts verantwortlich (1999)

erster Wissenschaftler, der es in Deutschland wagte, die Kryptologie auf den Lehrplan einer Universität zu setzen

Dave Bayer (*1955)

Mathematiker von der Columbia University in New York, der 1992 zusammen mit Persi Diaconis die Theorie der Markow-Ketten auf das Kartenmischproblem anwendete (2000)

Thomas Bayes (1702-1761)

nonkonformistischer Geistlicher, der mathematische Untersuchungen am Billiardtisch durchführte

Mann des 18. Jahrhunderts, Ahnherr großer Teile neuerer Wahrscheinlichkeitsforschung und Geistlicher

Satz von Bayes

revolutionäre Idee zur Berechnung einer bedingten Wahrscheinlichkeit eines Ereignisses, die Thomas Bayes 1763 in seinem „Essay towards solving a Problem in the Doctrine of Chances" entwickelt hat

Klaus Becker (*1956)

Bildhauer, der eine Geometrie mit Beil und Spitzeisen, Hammer und Meißel betreibt (1997)

Erhard Behrends (*1946)

Professor am Mathematischen Institut der Freien Universität Berlin und begeisterter Pi-Fan (1993)

Mathematiker von der Freien Universität Berlin, der davon ausgeht, dass die Mathematik, die auf physikalischer Handlung basiert, nur ein winziges Spektrum der Mathematik abdeckt (1998)

Mitherausgeber des Buches „Alles Mathematik. Von Pythagoras zum CD-Player" und der Sammlung „Pi & Co" mathematischer Texte (2008)

Andrew Belmonte

Mathematiker von der Pennsylvania State University, der mit seinen Kollegen das Geheimnis gelüftet hat, wie ein lose herabhängendes Seil von selbst einen Knoten schlingt – ein schwieriger Trick, der unter Magiern schon lange bekannt ist (2001)

John Benedetto (*1939)

Mathematiker an der Universität in Maryland/USA, der zusammen mit Götz Pfander die Wavelet-Theorie anwendet, um ein Frühwarnsystem für Epileptiker zu entwickeln (1997)

Benfordsches Gesetz

bizarres mathematisches Gesetz über die Häufigkeit von Zahlen, das hilft, Steuersündern und Spendengaunern auf die Spur zu kommen

Gesetz, nach dem die Wahrscheinlichkeit p(d), dass eine beliebige Zahl mit einer bestimmten Ziffer d beginnt, nach der Formel p(d)=log(1+1/d) exakt errechenbar ist

Gesetz, das besagt, dass die Wahrscheinlichkeit einer Ziffer, an erster Stelle einer Zahl zu stehen, proportional zu deren Länge auf der logarithmischen Skala eines Rechenschiebers ist

Gesetz, das wie ein Geist über dem Meer der Statistik schwebt

Christoph Benzmüller

deutscher Mathematiker, der 2019 in seinem Aufsatz „Was ist ein Beweis?" dafür plädiert hat, neben formalisierbaren Herleitungen, die automatisierbar sind, immer auch für Menschen nachvollziehbare Argumentationen anzustreben (2019)

Robert Berger (*1938)

amerikanischer Mathematiker, der 1964 in seiner Dissertation bewiesen hat, dass es aperiodische Parkettierungen gibt

Bergsteigerproblem

Problem, das den synchronisierten Aufstieg zweier Bergsteiger beschreibt, die von verschiedenen Seiten eines Gebirgszuges startend den höchsten Gipfel erklimmen müssen, dabei diesen Gipfel nicht nur gleichzeitig erreichen, sondern zu jedem Zeitpunkt des Aufstiegs die gleiche Höhe haben sollen

Frage, ob es zu zwei beliebigen stetigen Höhenfunktionen immer zwei stetige Streckenfunktionen derart gibt, dass die beiden Höhenfunktionen gleich sind

Jacob Bernoulli (1655-1705)

Jacques Bernoulli, Jakob Bernoulli

Spross eines traditionellen Schweizer Geistesclans mit einem Krug mit 3000 weißen und 2000 schwarzen Kugeln

Johann Bernoulli (1667-1748)

Jean Bernoulli

Lehrer Eulers und damals der berühmteste Mathematiker

Mathematiker, von dem unter anderem der Impulssatz stammt

Mathematiker, der 1701 sein Forschungsergebnis zu diversen Problemen der Isoperimetrie beim Institut de France mit der Auflage eingesandt hat, es dürfe erst gelesen werden, wenn sein Bruder Jacques sein eigenes Ergebnis vorgelegt hat

Bertrandsches Postulat

mittlerweile bewiesene Behauptung, die besagt, dass zwischen jeder natürlichen Zahl größer als eins und ihrem Doppelten eine Primzahl liegen muss

Satz, der nicht nur zeigt, dass es unendlich viele Primzahlen gibt, sondern auch, dass sie nicht beliebig weit auseinanderliegen können

Johann Beurich (*1993)

Mathematikdoktorand, der als YouTuber DorFuchs mit Liedern über Matheformeln bekannt geworden ist (2022)

Mathematiker, aus dessen Sicht zwei Komponenten die unzureichende Mathekompetenzen erklären: fehlende Übung und Versagensangst

Mathematik-Rapper, der sagt: „Ganz viel beim Matheverständnis besteht darin, falsche Vorstellungen loszuwerden." (2022)

Albrecht Beutelspacher (*1950)

Kryptographie-Experte, der unter anderem an der Nummernkodierung der ab 1989 in Deutschland eingeführten neuen Geldscheine beteiligt war

Professor für Geometrie und Diskrete Mathematik in Gießen (1996)

Autor des Buchs „In Mathe war ich immer schlecht …" (1996)

Autor des Buchs „Geheimsprachen" (1998)

Mathematikprofessor vom Mathematischen Institut der Justus-Liebig-Universität Gießen und Initiator der Ausstellung „Mathematik zum Anfassen", der sein Motto wie folgt erläutert: „Ich will den Schülern und Erwachsenen durch das direkte Erleben mathematischer Phänomene die Tür zur Mathematik öffnen." (1998)

Mathematiker, der an der Universität Gießen unterrichtet und sich durch Forschungen auf den Gebieten der diskreten Mathematik, der Kombinatorik und projektiven Geometrie einen Namen gemacht hat (2000)

Spezialist für Fragen der Codierung, der in der Industrieforschung bei der Entwicklung von elektronischen Zahlungssystemen tätig war (2000)

Gießener Mathematiker, der die Bücher „In Mathe war ich immer schlecht" und „Pasta all'infinito" geschrieben hat (2000)

Professor für Mathematik an der Universität Gießen und Gründer des ersten Mathe-Museums, der sagt: „Wir brauchen eine Mathematik zum Anfassen." (2001)

Mathematikprofessor in Gießen und Gründungsdirektor des dortigen Mathematikums, der sich seit mehr als drei Jahrzehnten um die Vermittlung der Errungenschaften seines Faches an ein breites Publikum verdient gemacht hat (2020)

Beweis

Kernstück mathematischer Abhandlungen

Nachweis, dass etwas gar nicht anders sein kann

Quelle der Gewissheit

z. B. Nachweis der Existenz einer gesuchten Zahl mit einer bestimmten Eigenschaft, indem man sie berechnet oder mittels der Demonstration, dass sich ein Widerspruch ergibt, wenn man annimmt, eine solche Zahl existiere nicht

Folge logischer Schlüsse, die ihren Ausgang bei einigen wenigen Grundannahmen nimmt

gleichsam unerbittlicher Anspruch an logische Reinheit und Lückenlosigkeit, in dem die Strenge der Mathematik liegt

universale Vermittlungs- und zugleich Gewissheitsmaschine

mathematische Begründung, die immer so aufgebaut sein sollte, dass ein kundiger Spezialist in der Lage ist, ihr zu folgen und ihre Folgerichtigkeit zu beurteilen

Beweis eines neuen Theorems

Argumentation, die Probleme plötzlich löst und dunkle Stellen im mathematischen Gebäude ausleuchtet

Besteigung eines noch unbezwungenen Berges

Computerbeweis

mathematischer Beweis, der mithilfe von Computern erfolgt

Beweis, bei dem elektronische Rechenknechte die Details erledigen

Beweis, der von Puristen vehement abgelehnt wird, da es in menschlichen Zeitspannen nicht mehr möglich ist, ihm zu folgen und seine Folgerichtigkeit zu beurteilen

brillanter Beweis

funkelnder Diamant:

„Ein brillanter Beweis ist wie ein funkelnder Diamant. Aber er hat nicht von Anfang an gefunkelt, das ist das Ergebnis eines langen Arbeitsprozesses. Jemand hat den Rohdiamanten gesucht und entdeckt. Das hat womöglich Jahre gedauert, und die Entdeckung hat ihn berühmt gemacht. Der Rohdiamant ist der erste Beweis, er funktioniert, aber er ist meist noch nicht wirklich schön. Einen Diamanten muss man schleifen, damit er richtig funkelt. Das ist wiederum schwierig, weil Diamanten ein hartes Material sind (aber genau deshalb sind sie ja nicht nur schön, sondern auch nützlich, das ist bei der Mathematik genauso). Letztendlich geht es darum, die Idee eines Beweises immer klarer herauszuarbeiten und unnötiges Beiwerk weg-zulassen. Dadurch werden die Beweise oft auch wieder kürzer. Dieser Prozess, das Immer-besser-Aufschreiben von Mathematik, ist ein wesent-licher Teil des Erkenntnis-prozesses."

Günter Ziegler im Interview mit Holger Dambeck in „Abstraktion und Eleganz" (spiegel.de, 1.5.2018)

Beweis durch Drittmittel

Anerkennungserschleichung

eleganter Beweis

Beweis, der kurz und knapp ist und möglichst ein Über-raschungsmoment enthält

Beweis, den zu studieren mehr Freude als Mühe bereitet

exakter Beweis

Beweis ohne Ungenauigkeiten oder Lücken

formaler Beweis

für die Veröffentlichung vorbereiteter Beweis

Induktionsbeweis

raffinierter mathematischer Trick, sich von Aussagen für kleine Zahlen zu solchen über große hochzuhangeln

klassischer Beweis

Beweis, der ohne Hilfe von Computern erstellt wurde

konstruktiver Beweis

Beweis, der nicht nur zeigt, dass es irgendwelche Größen geben muss, sondern sie auch bestimmt

nicht-konstruktiver Beweis

Beweis, dass etwas existiert, aber nicht, wie man es findet

korrekter Beweis

Beweis, den Fachleute nach-vollziehen können und dabei auf keine logischen Ungereimt-heiten stoßen

Null-Kenntnis-Beweis

Beweis, dass man im Besitz einer Information ist, ohne die Kenntnis dieser Information preiszugeben, z. B. der Zugang zu verschlüsselten Daten, ohne den Schlüssel direkt mitzuteilen und dadurch möglicherweise zu verraten

schönster Beweis

nicht der erste oder schnellste Beweis, wohl aber der pfiffigste, überraschendste und eleganteste Beweis

Vor- oder Seitenbeweis

Beweis, von dem man nicht immer wissen kann, ob er zum großen Ziel überhaupt etwas beiträgt

möglicher Vorleger für Beweise großer Vermutungen

Widerspruchsbeweis

Beweis, der nach langen logischen Schlüsseln auf einen offensichtlichen Widerspruch stößt, wodurch sich – sofern sich in der Schlusskette kein Lapsus eingeschlichen hat – die Annahme als falsch erweist

Beweisassistent

computergestützte Hilfe beim Beweisen mathematischer Behauptungen

Beweisdrang

Verlangen nach Gewissheit

Beweisjäger

Mathematiker, der des Ruhmes wegen nach Beweisen großer Vermutungen sucht

Beweisschöpfer

Mathematikertypus, der vielleicht das höchste Produkt der erst von der Neuzeit und ihren Verkehrsformen errichteten gesellschaftlichen Produktion sogenannter Intellektueller darstellt, die von drückenderen Sorgen freigestellt sind, um dem Immateriellen zu dienen

automatischer Beweiser

Computer, der Beweise mathematischer Theoreme finden kann

Ludwig Bieberbach (1886-1982)

Berliner Ordinarius und später führender NS-Mathematiker

Mathematiker und Mitglied der Preußischen Akademie der Wissenschaften, der Druck auf Helmut Grunsky ausübte, keine jüdischen Mathematiker als Berichterstatter für das Jahrbuch über die Fortschritte der Mathematik einzusetzen

Kollege Issai Schurs, der einmal unter Schurs Namenszug schrieb: „Ich wundere mich, dass Juden noch den akademischen Kommissionen angehören dürfen."

grüne Billion

hohe Summe, die in nachhaltige
Geldanlagen investiert ist

binärer Wert

0 oder 1

**Vermutung von Birch und
Swinnerton-Dyer**

Vermutung, die ganzzahlige
Lösungen von Gleichungen
zum Thema hat, in denen
neben den Unbekannten nur
ganze Zahlen, die vier Grundrechenarten und Potenzen
auftauchen

eines der berühmtesten offenen
Problemen der Zahlentheorie,
bei dem es um elliptische Kurven
geht

Vermutung, bei der selbst
Mathematiker Schwierigkeiten
haben, allein die Fragestellung
zu verstehen – und wo das
Problem liegt

Bit

binäre Einheit

Objekt, das die beiden Werte
0 oder 1 annehmen kann

Quantenbit

Q-Bit, Qubit

quantenmechanische Informa-
tionseinheit, die nicht nur die
binären Werte 0 und 1 annehmen kann, sondern auch unendlich viele Zwischenzustände,
und das gleichzeitig

Basiseinheit des Quantencom-
puters, die sehr viele verschiedene Zustände annehmen kann

Bit bei einem Quantencomputer,
das durch einen Quantenzustand
dargestellt wird, z. B. durch die
Richtung (auf und ab) des Spins
eines Teilchens oder die Beset-
zung von bestimmten Energie-
zuständen

Fisher Black (1938-1995)

amerikanischer Wirtschaftswissenschaftler, der 1973
gemeinsam mit Robert Merton
und Myron Scholes die Black-
Scholes-Formel vorlegte

amerikanischer Mathematiker,
der 1997 zusammen mit Myron
Scholes mit dem Nobelpreis für
Ökonomie ausgezeichnet wurde

Black-Scholes-Formel

Formel, die weltweit zur Preis-
berechnung von Optionen verwendet wird

Formel für den korrekten Preis
einer Option, bei dem das Portfolio aus Aktie und verkaufter
Option keinen höheren Gewinn
abwirft, als der normale Zinssatz
auf sicher angelegtes Geld
verspricht

Formel, die 1973 von Robert
Merton, Myron Scholes und
Fisher Black entwickelt wurde
und für die Black und Scholes
1997 mit dem Nobelpreis für
Ökonomie ausgezeichnet
wurden

Modell, dem zufolge der Preis einer Option von der Volatilität abhängt, deren Wert nur aus den vorhandenen Marktdaten ermittelt werden kann, sowie vom momentanen Preis des dazugehörigen Wertpapiers und der vereinbarten Laufzeit der Option beeinflusst wird

Hans-Georg Bock (*1948)

Heidelberger Professor, von dessen mathematischem Knowhow die New Yorker U-Bahn-Gesellschaft profitierte (1992)

Olaf Böhme (1953-2019)

Dresdner Kabarettist und Mathe-Genie

Kabarettist, der als 16-Jähriger seine erste Medaille bei einer Mathematikolympiade holte, nach der Schule Mathematik studierte und auf dem Gebiet der Wahrscheinlichkeitstheorie promovierte

Jürgen Bokowski (*1943)

Mathematikprofessor aus Darmstadt, der gemeinsam mit Alexander Martin den Beweis dafür lieferte, dass Egoisten sich häufig selbst schaden, wenn sie kurzfristig ihre eigenen Interessen durchsetzen wollen (2001)

Frédéric Bolli (*1953)

Thurgauer Komponist und engagierter ehemaliger Mathematiklehrer, der auf die Frage, wie man von der Mathematik zur Musik kommt, antwortet: „Die Mathematik und das Klavierspiel haben Parallelen, bei beiden Dingen muss etwas Vernünftiges herauskommen." (2016)

János Bolyai (1802-1860)

Mathematiker, der entdeckt hat, dass die euklidische Geometrie nicht alternativlos ist

George Boole (1815-1864)

Mathematiker, der 1854 mit seinem „Laws of Thought" betiteltem Werk die Entwicklung der Mathematik zur reinen Mathematik einleitete

Mathematiker, der Verknüpfungen wie „und" und „oder" als Erster systematisch formalisiert hat

irischer Logiker, der schon vor über 100 Jahren erkannte, dass das Rechnen an sich durch die Aneinanderreihung von nur zwei Informationseinheiten (1 und 0) festgelegt werden kann

Richard Ewen Borcherds (*1959)

Brite, der 1998 für seine Verdienste in der Algebra und Geometrie die Fields-Medaille erhielt

Mathematiker, der an den Universitäten von Cambridge (England) und Berkeley (USA) lehrt und in der Fachwelt durch seinen Beweis der Moonshine-Vermutung bekannt wurde (1998)

Mathematiker, der sich schon früh für wahrlich exotische mathematische Objekte zu interessieren begann: „Seit 17 Jahren arbeite ich an den Monstergruppen." (1998)

Armand Borel (1923-2004)

Schweizer Mathematiker, der sagt: „Die Mathematik ähnelt einem Eisberg: Unter der Oberfläche ist das Königreich der reinen Mathematik … über dem Wasser ist die Spitze, der sichtbare Teil, den wir angewandte Mathematik nennen."

Émile Borel (1871-1956)

französischer Mathematiker, der die Mathematik eine „Poesie der Ideen" nannte

Jonathan Borwein (1951-2016)

Mathematiker aus British Columbia, der 1996 gemeinsam mit seinem Bruder Peter Borwein Yasumasa Kanada den Pi-Rekord entrissen hat

Peter Borwein (1953-2020)

Mathematiker aus British Columbia, der 1996 zusammen mit seinem Bruder Jonathan Borwein Pi auf insgesamt 4,3 Milliarden Stellen hinter dem Komma berechnete

Mathematiker von der Simon Fraser University in Burnaby/Kanada, der gemeinsam mit David H. Bailey und Simon Plouffe an einer Formel für Pi gearbeitet hat (2001)

Karl Bosch (*1937)

Stuttgarter Mathematik-Professor, der sich die Mühe machte zu berechnen, dass eine diagonale Linie auf dem Lotto-Tippschein 8000-mal beliebter ist als andere Kombinationen

Umberto Bottazzini (*1947)

Mathematikhistoriker und Autor des Buchs „Wie die Null aus dem Nichts entstand" (2021)

Nicolas Bourbaki

Gruppe von Mathematikern, deren Bemühen, die Gesamtarchitektur der modernen Mathematik mit mengentheoretischen Instrumenten zu säubern, die französische Mathematik im zwanzigsten Jahrhundert als Nationalstil zur einflussreichen Strömung in der Weltmathematik machte

Pseudonym einer französischen Mathematikergruppe, die das ehrgeizige Ziel hatte, eine moderne mengentheoretisch orientierte Grundlegung der Mathematik zu schaffen wie ehemals die Elemente des Euklids

Kollektivname, unter dem 1950 bis 1960 die Mengenlehre bis in die Grundschulen getrieben wurde, was für ein breitenwirksames Finale für das Hilbertprogramm sorgte

Bourbakismus

von Bourbaki geprägte Mathematik, die zur Darstellung ausschließlich Quantoren, so gut wie keine Sprache und auch keine Anschauung benutzte, wie sie zum Beispiel die Geometrie bietet

Bourbakist

Mathematiker, der zu einer Gruppe gehört, die sich eine Zeitlang erträumte, dass es für jede mögliche Deduktion auch ein mengentheoretisches Modell gibt

Jean-Pierre Bourguignon (*1947)

französischer Geometriker und einer der Kuratoren der Pariser Ausstellung „Mathématiques, und dépaysement soudain. Mathematics: A Beautiful Elsewere" (Mathematik: ein schönes Irgendwoanders)

Boy'sche Fläche

Fläche, die keinen Rand und nur eine Seite hat

Breakthrough Prize in Mathematics

drei Millionen US-Dollar schwere Auszeichnung, die durch eine Zuwendung von Mark Zuckerberg an die Silicon Valley Community Foundation finanziert wird und die als Oscar der Wissenschaft gilt, da ihre Verleihung mit viel Hollywood-Pomp zelebriert wird

Douglas Bridges (*1945)

Mathematiker von der Universität im neuseeländischen Christchurch, der darüber klagt, dass wer sich mit konstruktiver Mathematik beschäftigt, sofort in Verdacht stehe, wie Brouwer fanatisch alles umstürzen zu wollen (2000)

Egbert Brieskorn (1936-2013)

Mathematiker, der seit 1989 Material für eine Hausdorff-Biografie gesammelt hat, mit dem Vorsatz, sowohl ein Buch des Gedächtnisses für diesen besonderen Menschen zu schreiben, als auch etwas von dem Unbegreiflichen zu begreifen, was in Deutschland deutschen Juden geschehen ist (2018)

Henry Briggs (1561-1630)

Mathematiker, der 1617 anregte, für Logarithmentafeln alle Zahlen als Hochzahlen von 10 auszudrücken, statt den natürlichen Logarithmus zu verwenden

Hermann Broch (1886-1951)

Schriftsteller, der der Mathematik über Jahre hinweg treu geblieben war und um die grundlegenden mathematischen Probleme gut Bescheid wusste

harte mathematische Brocken

schwierige Mathematik, die Autoren im klassischen Konzept populärwissenschaftlicher Bücher beiläufig einstreuen, während sie Leser mit amüsanten Anekdoten bei der Stange halten

Luitzen Egbertus Jan Brouwer (1881-1966)

holländischer Mathematiker, der Anfang des 20. Jahrhunderts einen alternativen Zugang zum Unendlichen vorschlug: konstruktive Mathematik

asketischer, mythisch angewehter Gegenspieler Hilberts in der Kontroverse zwischen Formalismus und Intuitionismus

George Spencer Brown (1923-2016)

Protomathematiker

Bruch

rationale Zahl

mathematische Verhältnismäßigkeit, z. B. 3:1, 5:2, 7:3

Viggo Brun (1885-1978)

norwegischer Mathematiker, der im Jahre 1919 beweisen konnte, dass die Summe der Kehrwerte aller Primzahlzwillinge gegen einen festen Wert konvergiert

Brun-Konstante

fester Wert, gegen den die Summe der Kehrwerte aller Primzahlzwillinge konvergiert

ungefähr 1,90216058

Jochen Brüning (*1947)

Professor vom Institut für Mathematik an der Universität Augsburg (1991)

Professor für Mathematik, der dafür plädiert, die Mathematik als Wissenschaft und kulturbildende Denkform ernst zu nehmen (1997)

Mathematikprofessor von der Humboldt-Universität Berlin, der meint: „Was der Mathematiker tut, kann er kaum jemanden so recht klarmachen. Und es will so recht auch niemand wissen." (1997)

brute-force-Methode

einfaches Durchprobieren aller Möglichkeiten ohne Strategie

Brechstangenrechnen

Buch der Beweise

eine von Paul Erdös gern zitierte Metapher von einem quasi göttlich verwaltetem Buch, in dem außergewöhnlich pfiffige Beweise für die Ewigkeit niedergeschrieben sind

Buch der Natur

Buch, das in Zahlen geschrieben ist (Galilei)

mathematisch verfasstes Buch

Schottisches Buch

Buch mit Problemen der Funktionalanalysis, das vom polnischen Mathematiker Stefan Banach stammt, der lieber im Schottischen Café seiner Heimatstadt Lwiw (Lemberg) als an der Universität arbeitete

Bundeswettbewerb Mathematik

mathematischer Schülerwettbewerb in Deutschland

Wettbewerb, vor dessen Aufgaben selbst Profis oft ratlos dastehen

Marathon für Mathemanen

Cesare Burali-Forti (1861-1931)

Mathematiker, der wie Cantor kurz vor 1900 die Antinomien der Mengenlehre entdeckte

Jobst Bürgi (1552-1632)

Schweizer Mathematiker, der die Logarithmen Anfang des 17. Jahrhunderts entwickelt hat

Eidgenosse, dem das Primat der ersten zwischen 1603 und 1611 aufgestellten Logarithmentafel gebührt

Roland Bulirsch (*1932)

Lehrstuhlinhaber für Mathematik an der Technischen Universität München (1994)

angewandter Mathematiker an der TU München, der nach Vorträgen für Schüler jedes Mal hört: „Nie habe ich geglaubt, dass mit Mathematik etwas anzufangen ist." (1997)

Chaostheorie

Calabi Yau

Mannigfaltigkeit, der eine hochkomplexe, zehndimensionale Geometrie zugrunde liegt

Rainer Callies

Mathematiker an der Technischen Universität München, der Flüge von Raumsonden optimiert (1994)

Michael Cameron

kanadischer Mathematiker, der 2001 mithilfe eines weltumspannenden Computernetzwerkes die damals größte bekannte Primzahl mit 4053946 Stellen gefunden hat

Mathematiker, der 2001 die neununddreißigste Mersenne-Primzahl gefunden hat: $2^{13466917}$-1

Calculemus

prägendes Zitat der Aufklärung von Leibniz zu seiner formalen Algebra des Denkens:

„Käme es zwischen Philosophen zur Kontroverse, so bräuchten sie nicht mehr zu streiten als Buchhalter. Sie müssten sich nur mit ihren Bleistiften und Schiefertafeln hinsetzen und zueinander sagen [...]: Lasst uns rechnen!"

zitiert nach Jürgen Schmidhuber in „Als Kurt Gödel die Grenzen des Berechenbaren entdeckte" (FAZ, 14.6.2021)

Georg Cantor (1845-1918)

Mathematiker, dem wir die Erkenntnis verdanken, dass es nicht nur ein Unendliches, sondern sogar unendlich viele Stufen der Unendlichkeit gibt

Hallenser Professor, dem im ausgehenden 19. Jahrhundert der spektakuläre Nachweis gelang, dass eine von zwei unendlichen Mengen mehr Elemente enthalten kann als die andere

deutscher Mathematiker, der 1891 den berühmten Diagonalisierungstrick erfand

Mathematiker, der etwa 1895 auf Widersprüche im Begriff der Menge aller Mengen stieß

Mathematiker, der mit der Lehre von den Mengen ein hochabstraktes metamathematisches Instrument schuf, um über die Eigenschaften von Zahlen nachzudenken

Begründer der Mengenlehre, Vater der Mengenlehre, Schöpfer der Mengenlehre

Architekt der modernen Theorie der mathematischen Unendlichkeit, der es einmal so ausdrückte: „Das Wesen der Mathematik liegt in ihrer Freiheit."

Girolamo Cardano (1501-1576)

Mathematiker, der 1545 als Erster die Lösung der Gleichungen dritten Grades publizierte

Landarzt, der die Grundlagen der Wahrscheinlichkeitstheorie entwickelt hat, um seine Glücksspielsucht möglichst gewinnbringend zu gestalten

Spielsüchtiger, der einerseits Astrologe war und Träume deutete und auf der anderen Seite kubische Gleichungen löste und die Grundlagen für die Wahrscheinlichkeitsrechnung legte

Carl-Weierstraß-Institut

mathematisches Forschungsinstitut mit 150 festangestellten
Wissenschaftlern, die der Auf-
lösung der DDR-Akademie der
Wissenschaften zum Opfer fielen

Lewis Carroll (1832-1898)

Mathematiker, der den Dauer-
bestseller „Alice im Wunderland"
geschrieben hat

Mathematiker mit viel Phantasie,
der eigentlich Charles Bogson
hieß und ein Mann der Logik war

Élie Cartan (1869-1951)

Mathematiker, der in der ersten
Hälfte des 20. Jahrhunderts ein
zur Klassifizierung der endlichen
einfachen Gruppen analoges
Problem im Bereich der kontinuierlichen Gruppen gelöst hat

Eugène Charles Catalan (1814-1894)

belgischer Mathematiker, der
vor allem als Entdecker der sogenannten Catalan-Zahlen firmiert
und Mitte des 19. Jahrhunderts
seine Catalansche Vermutung
in die Welt setzte

Catalansche Gleichung

$x^m - y^n = 1$

bekannteste unter den exponentiellen diophantischen
Gleichungen

Catalansche Vermutung

Vermutung, dass für die
Gleichung $x^m - y^n = 1$ nur die
Lösungen $m = y = 2$ und $n = x = 3$
existieren

von Catalan aufgestellte und
mittlerweile bewiesene Behauptung der Einzigartigkeit des 8/9-
Paars als die beiden einzigen
aufeinanderfolgenden echten
Potenzen im Reich der natürlichen Zahlen

Pietro Cataldi (1548-1626)

Mathematiker, dem 1588 zwei
sechsstellige Primzahlen
aufgefallen sind

Ludolph van Ceulen (1540-1610)

Mathematiker, der Pi im Jahre
1596 auf 35 Dezimalstellen
genau berechnete

holländischer Mathematiker,
der fast sein ganzes Leben damit
verbrachte, Pi bis auf 36 Komma-
stellen zu errechnen

Mathematiker, der die Ziffern
von Pi auf seinen Grabstein
einmeißeln ließ

Gregory Chaitin (*1947)

Amerikaner, der in den 60-er
Jahren des 20. Jahrhunderts
unabhängig von Kolmogorow
mit einer speziellen Komplexitätstheorie einen Ausweg für
die Beschreibung von Zufallsreihen fand

Mathematiker, der die Grenzen des Berechenbaren kennt

Entwickler einer algorithmischen Informationstheorie

Algorithmentheoretiker, der sich fragt, ob sich die Mathematik dank Computern in eine induktive Erkenntnistechnik entwickelt, bei der man Beobachtungen und Experimentergebnisse auswertet

Chaos

Begriff, den viele Menschen mit dem Zustand ihres Schreibtischs oder dem Zimmer ihrer Sprösslinge assoziieren

unregelmäßige Bewegungen in einem System, die durch wenige miteinander wechselwirkende Größen hervorgerufen werden

völlig ungeordnetes Verhalten

Schlagwort, bei dem manche an farbenprächtige Computerbilder denken, andere an Bausteine einer neuen Welterklärung

Wissenschaft von den komplexen, sogenannten nichtlinearen und chaotischen Systemen

computational chaos

Tatsache, dass bei Verwendung von Computern kleinste Veränderungen, Auslassungen oder Fehleinschätzungen zu völlig verschiedenen Lösungen führen können

Chaos, das sich dadurch zeigt, dass Computer zu völlig verschiedenen Ergebnissen kommen, je nachdem, wie im Computer intern gerundet wird

deterministisches Chaos

Chaos, das in Systemen entsteht, die durch ganz wenige Größen charakterisiert sind

Ansatz zur Erklärung nichtlinearer Zusammenhänge

Konzeption, deren Ursprung in der Meteorologie und in der Physik liegt

Quantenchaos

avangardistische Kombination von Quantenmechanik und Chaostheorie

Chaoskontrolle

Steuerung des Chaos mithilfe von Steuerimpulsen

Chaostheorie

Theorie, die sich mit dem deterministischen Chaos beschäftigt

Forschung, die früher unspektakulär nichtlineare Dynamik hieß

Theorie, in deren Zentrum die verblüffende Einsicht stand, dass ausgerechnet Systeme, die früher als Inbegriff von Stabilität und Vorhersagbarkeit galten, von einem bestimmten Moment an nicht mehr prognostizierbar sind

Theorie, zu deren Hauptaussagen gehört, dass sich die Zukunft eines Systems, das von vielen Faktoren auf komplizierte Weise beeinflusst wird, nicht mehr berechnen lässt

Teilgebiet der Mathematik, das den Elfenbeinturm reiner Mathematik verlassen hat und in immer mehr Naturwissenschaften und auch in der Medizin seine Anwendung findet

Verheißung, so verschiedene Phänomene wie das Auf und Ab der Börsenkurse, das scheinbar nicht vorhersehbare Wetter oder auch Unregelmäßigkeiten des Herzschlags mithilfe eines umfassenden Denkmodells verstehen zu können

öffentlichkeitswirksames Etikett der mathematischen Analyse sehr komplexer Systeme

Theorie, die als weltbewegender Umbruch gefeiert wurde

chaotisches System

System, dessen Verhalten nicht vorhersagbar ist, da bereits minimale Störungen große Auswirkungen auf ihr Verhalten haben

System mit dem charakteristischen Merkmal, dass ihr Verhalten für bestimmte Parameter unvorhersagbar ist, für andere Parameter hingegen einen Zustand der Ordnung entgegenstrebt

Chi-Quadrat-Test

Test, der vergleicht, wie häufig jede Ziffer in den Buchführungsunterlagen auftauchen sollte und wie oft sie dort wirklich verzeichnet ist

Alonzo Church (1903-1995)

Pionier der theoretischen Informatik

Mitentwickler des Lambda-Kalküls

Mathematiker, der wie Alan Turing und Emil Post bewies, dass man keine Maschine bauen kann, die für alle entscheidbaren Sätze in endlichen Schritten berechnen kann, ob sie wahr oder falsch sind

Clay Mathematics Institute

Institution in Cambridge, Massachusetts, die im Jahr 2000 für die Lösung von sieben mathematischen Fundamentalproblemen ein Preisgeld von jeweils einer Million US-Dollar ausgeschrieben hat, darunter eine 2002 schließlich bewiesene Vermutung von Poincaré

Clock-Tree-Verfahren

Verfahren der diskreten Mathematik, das das Design von Computerchips mit sehr hoher Leistung ermöglicht

binärer Code

Zahlensystem, das auf 0 und 1 basiert

Code, mit dem man mit den beiden Zahlen Null und Eins jede andere Ziffer schreiben kann

Zahlencode, den Leibniz entwickelt hat und ohne den unsere Computer undenkbar wären

Cäsar-Code

von Cäsar angeblich zur Verständigung mit seinen Feldherren benutzter Geheimcode, der jeden Buchstaben eines Textes durch den Buchstaben ersetzte, der im Alphabet drei Stellen danach kommt

DES-Code

Data Encryption Standard, DES

einer der wichtigsten veröffentlichten und benutzen Algorithmen zur Verschlüs-selung

Code, mit dessen Hilfe der Geldautomat die Geheimzahl der EC-Karte aus den Daten des Magnetstreifens (Bankleitzahl, Kontonummer und Verfallsdatum) berechnet

fehlerkorrigierender Code

Code, bei dem der Empfänger nicht nur merken kann, dass ein Bit falsch übertragen wurde, sondern sogar den Fehler rückgängig machen kann

Code, bei dem die digitalen Botschaften mathematisch in eine solche Form gebracht werden, dass Übertragungsfehler automatisch erkannt und korrigiert werden können

Code, der z. B. in jedem CD-Spieler eingebaut ist, um die etwa durch Staub verursachten Lesefehler herauszufiltern

Paul Cohen (1934-2007)

amerikanischer Mathematiker, der 1962 ein Problem löste, an dem Gödel dreißig Jahre lang gearbeitet hatte:

„Gibt es ein Unendlich, das größer ist als die Mächtigkeit der natürlichen Zahlen 1, 2, 3 … aber kleiner als die der Dezimalzahlen? Die Lösung (salopp formuliert: wie's beliebt) beruhte auf Gödels Methoden und noch heute hält sich das Gerücht, dass Gödel auch einen Beweis gefunden habe."

Karl Sigmund in „Die Nazis kochten schlechten Kaffee" (FAZ, 19.8.1999)

Egmont Colerus (1888-1939)

österreichischer Jurist und Schriftsteller, der 1934 das Buch „Vom Einmaleins zum Integral" veröffentlichte

Computer

Rechenautomat,
Mathematikmaschine

endliche Maschine, die in
endlicher Zeit immer nur
endlich viele Rechenschritte
durchführen kann

Zahlenfresser, der Berechnungen möglich macht, die
Menschen mit der Hand
niemals ausführen könnten

Gerät, das sich wie Till Eu-
lenspiegel verhält: Er macht
genau das, was ihm angesagt
wird

Musterbild an Zuverlässigkeit
und Sturheit

nichts anderes als unglaublich
viel in einer Maschine konzen-
trierte Mathematik

Maschine, die uns erfolgreich
daran gewöhnt hat, den Fehler
immer erst beim Menschen zu
suchen

Gen-Computer

DNS-Computer

Computer, bei dem die
Information in DNS
gespeichert ist

nach dem Erbmolekül
Desoxyribonukleinsäure
benannter Computer

Konzept mit dem Anspruch,
effizienter zu rechnen als ein
digitaler Computer

Quantencomputer

Tor zu ganz neuen Dimensionen
der Berechenbarkeit

neue Generation von Com-
putern, deren Funktionsweise
auf den Regeln der Quantenmechanik beruht

Maschine, die nicht mehr mit
Strom, sondern mit den Überla-
gerungszuständen von Atomen
rechnet

Computer, der auf einzelnen
Atomen rechnet anstatt auf
Siliziumchips aufgedampften
Transistoren

Rechner, der heutige Super-
computer zu Rechenschiebern
degradieren könnte und gängi-
ge Verschlüsselungen in Sekun-
denschnelle knacken soll

Supercomputer

Großrechner, der Mammut-
rechnungen ausführen kann

Conceiving Ada

ein 1997 unter der Regie von
Lynn Herschman Leeson in den
USA gedrehter Film, der Lady
Ada Lovelance zur Heldin macht

Alain Connes (*1947)

französischer Mathematiker, der
ein System austüftelte, das passen könnte, um eine quanten-
chaotische Anordnung zu finden,
deren Energieniveaus exakt mit
den Nullstellen der Zeta-Funktion übereinstimmen

John Horton Conway (1937-2020)

Mathematiker, der gemeinsam mit John Selfridge eine neidfreie Teilung unter drei Personen entwickelt hat

Mitautor des Buchs "Zahlenzauber"

angelsächsischer Autor, der Pionierarbeit für die Vermittlung der Mathematik geleistet hat

Stephen Cook (*1939)

Mathematiker, dem 1971 eine gewisse Vereinfachung des P=NP-Problems gelang, indem er zeigte, dass sich jedes NP-Problem in ein Wahrheits-Belegungs-Problem umschreiben lässt

David Corfield

britischer Denker, der zu den Pionieren einer neuen Logiklehre auf Basis der modalen Homotopietypentheorie gehört

Johannes van der Corput (1890-1975)

holländischer Mathematiker, der 1939 schlüssig zeigen konnte, dass es unendlich viele arithmetische Primzahlfolgen mit genau drei Gliedern gibt

Richard Courant (1888-1972)

großer, aus Göttingen emigrierter Mathematiker

deutsch-amerikanischer Mathematiker und Physiker, der einen erfolglosen Versuch unternahm, Hausdorff aus Deutschland und der wachsenden Gefahr zu befreien

Ko-Autor des Klassikers „Was ist Mathematik?"

Richard E. Crandall (1947-2012)

Mathematiker vom Reed College in Portland/Oregon, der gemeinsam mit David Bailey bewiesen hat, dass – falls ihre Vermutung aus der Chaostheorie richtig sein sollte – Pi eine normale Zahl wäre (2001)

Timea Csajbok

ungarische Mathematikerin, die 2005 mit vier Kollegen einen Weltrekord aufstellte, da sie nachweisen konnte, dass die beiden Zahlen $16869987339975*2^{171960}-1$ und $16869987339975*2^{171960}+1$ Primzahlzwillinge sind

Curry-Howard-Korrespondenz

Aussage, dass mathematische Beweise strukturell Computerprogramme sind und umgekehrt

Dreieck

Bernd Ingo Dahn

Mathematiker von der Humboldt-Universität in Berlin, der ein Programm entwickelt hat, das maschinell erzeugte Beweise in gut lesbare mathematische Aufsätze verwandelt (1998)

Damenproblem

Aufgabe, bei der n Damen auf einem Brett mit n*n Feldern zu stellen sind, ohne dass eine von den anderen bedroht wird, und bei der sich Mathematiker fragen, wie viele Anordnungen der Damen es zu jedem Wert von n gibt.

Standardproblem, mit der in der Informatik Backtracking-Algorithmen und Computer getestet und miteinander verglichen werden

Acht-Damen-Problem

Damenproblem auf einem Schachbrett

toroidales Damenproblem

Damenproblem auf einem toroidalen Schachbrett

Dataismus

Ära, in der Algorithmen Menschen beherrschen, Datenkonzerne alles über uns wissen, uns steuern und den Partner fürs Leben empfehlen

Ingrid Daubechies (*1954)

Mathematikerin, die Pionierarbeit zu Wavelets für die Bild- und Signalkompression leistete

theoretische Physikerin, die über die Universität Brüssel auf einen Lehrstuhl für Mathematik an der Princeton-Universität gelangte (2000)

Daumenregel

praktikable Rechenregel für den Fall, dass eine präzise Rechenregel fehlt

Philip J. Davis (1923-2018)

Ko-Autor des populär gewordenen Buchs „Erfahrung Mathematik"

John Dawson Jr. (*1944)

Professor für mathematische Logik und Nachlassverwalter von Gödel, der zwei volle Jahre brauchte, um die sechzig Schachteln mit den hinterlassenen wissenschaftlichen Aufzeichnungen zu katalogisieren

formal deduktiv

Vorgehen, mit dem unser Verstand die mathematische Realität wahrzunehmen und zu begreifen versucht

Definition-Satz-Beweis

klassisches Schema in mathematischen Arbeiten

unvermeidlicher Bestandteil jeder Mathematikvorlesung

mathematisches Dreiergespann

Stanislas Dehaene (*1965)

Mathematiker und Neuropsychologe, der erklärt, dass die ganzen Zahlen für die Menschen so grundlegend sind wie die Ultraschallortung für Fledermäuse oder der Gesang für Singvögel

Hirnforscher, der 1997 das Buch „Der Zahlensinn" veröffentlichte

Delaney-Dress-Symbol

Symbol, das für zwei äquivalente Pflasterungen immer gleich ist

Symbol, zu dem es, wenn es gewissen Bedingungen genügt, immer auch entsprechende Fliesenmuster gibt

Symbol, das im Gegensatz zu den unendlichen Mustern periodischen Pflasterungen der Ebene ein kleines Diagramm aus ein paar Kreisen ist, die durch Linien miteinander verbunden sind und einigen Zahlenwerten

Olaf Delgado

Bielefelder Mathematiker, der gemeinsam mit Daniel Huson das Programm RepTiles entwickelt hat, das periodische

Pflasterungen der Ebene erzeugt – vom simplen Schachbrettmuster aus quadratischen Sanitärkacheln bis zu den Phantasiewelten von Escher und den maurischen Ornamenten der Alhambra (1993)

Delilah

von Alan Turing erfundenes Verschlüsselungssystem

Erik Demaine (*1981)

gebürtiger Kanadier und Professor für Computer-Origami, der mathematische Schätze in der Kunst des Origami entdeckt

amerikanisch-kanadischer Mathematiker, Informatiker, Origami-Forscher und Professor am Massachusetts Institute of Technology (MIT) (2016)

mathematisches Denken

Denken, das nicht nur formal, sondern ebenso intuitiv ist

spezielle Form unseres Sprachvermögens

René Descartes (1596-1650)

frühneuzeitlicher Mathematiker und Philosoph

Franzose, der das kartesische Koordinatensystem entwickelte

Determinante

mathematisches Objekt, mit dem sich zum Beispiel lineare Gleichungssysteme lösen lassen

deterministisch

durch mathematische Gleichungen vorgegeben, die keine Zufallsgrößen enthalten

vorhersehbar, nach festen Regeln

Peter Deuflhard (1944-2019)

Präsident des Konrad-Zuse-Zentrums und Mathematikprofessor an der Freien Universität Berlin, der sagt: „Alle reden vom Computer, kaum jemand von Mathematik. Dabei ist die angewandte Mathematik eine verborgene Schlüsseltechnologie, die hier in Berlin ein wichtiges Zentrum hat." (1999)

Deutsche Mathematiker-Vereinigung (DMV)

eine rund 2800 Mitglieder zählende Gesellschaft (1994)

Organisation, in der 1995 erstmals in der 100-jährigen Geschichte eine Frau an der Spitze stand

Standesgesellschaft der Mathematiklehrer und -professoren mit rund 3700 Mitgliedern (2008)

Vereinigung, die für die in unzählige Disziplinen aufgesplitterte Mathematik eine interdisziplinäre Kommunikationsebene aufspannt und internationale Kontakte pflegt

Keith Devlin (*1947)

Mathematiker und Wissenschaftsjournalist

Autor des Buchs „Sternstunden der Mathematik", das berühmte Probleme der Mathematik auch Nichtmathematikern veranschaulicht und erklärt

Autor des Buchs „Das Mathe-Gen", der als Wissenschaftskolumnist des britischen Guardian tätig ist und zusätzlich Mathematik an kalifornischen Universitäten unterrichtet (2001)

Dezimalsystem

Zahlensystem mit seinen zehn Ziffern von 0 bis 9

Zahlensystem, das das Rechnen halbwegs einfach macht

Persi Diaconis (*1945)

Mathematiker von der Harvard University in Cambridge/Massachusetts, der 1992 zusammen mit Dave Bayer die Theorie der Markow-Ketten auf das Kartenmischproblem anwendete (2000)

Diagonalisierungstrick

berühmte Beweismethode von Cantor aus dem Jahre 1891, mit der dieser zeigte, dass es verschiedene Sorten der Unendlichkeit gibt

Differentialgleichung

Gleichung, in der zeitlich und räumlich veränderliche Größen vorkommen

Gleichung, die Funktionen mit ihren höheren Ableitungen verknüpft und meist nicht analytisch lösbar ist

partielle Differentialgleichung

hochkomplexe Form von Gleichungen, auf die sich sehr viele Vorgänge in der Physik zurückführen lassen

Typ Gleichung, mit der etwa turbulente Strömungen von Gasen und Flüssigkeiten beschrieben werden

Typ Gleichung, die bei der Konstruktion von Automobilen und Flugzeugen eine wichtige Rolle spielt, sich aber meist nicht exakt lösen lässt

stochastische Differenzialgleichung

Art von Gleichungen, die Objekte beschreiben, die von Raum und Zeit abhängen und gleichzeitig zufällig sind

komplizierte Art Gleichung, die die Finanzmärkte bewegt

Differentialrechnung

Rechnungen, deren Ideal die Annäherung ist

Methode, die das Tangentenproblem rechnerisch löst

Versuch, die wirkliche, physikalische Welt in der Sprache der Zahlen und Funktionen zu repräsentieren

Differential- und Integralrechnung

Gipfel der höheren Mathematik

Theorie, mit der zwei klassische Probleme der Mathematik rechnerisch gelöst werden: die Bestimmung der Tangente an einer Kurve und die der Berechnung des Flächeninhalts innerhalb der Kurve

Theorie, die von Gottfried Leibniz und Isaac Newton etwa gleichzeitig entwickelt wurde

finite Differenzen

Verfahren, mit dem schwierige mathematische Funktionen durch eine Reihe von Additionen berechnet werden

differenzierbar

glatt

Differenzieren

Verfahren, das dem Integrieren entgegengesetzt ist

Verfahren, mit dem man das Integrieren rückgängig machen kann

Verfahren, das aus einer Integralfunktion wieder die Ausgangsfunktion ergibt

mathematischer Diffusionsprozess

Schütten von Milch in den Kaffee

Edsger W. Dijkstra (1930-2002)

Informatiker, der an der University of Texas in Austin lehrte und bei Mathematik und Informatik von zwei Kulturen sprach – hüben die Mathematiker mit ihren eleganten Formeln und geistreichen Beweisen, drüben die Informatiker, eigentlich nur bessere Techniker, die an ihren Programmen herumbasteln, bis sie schließlich funktionieren

Informatiker, der für seine Wissenschaft die gleiche Tiefe wie für die Mathematik beanspruchte

Verfasser des Manifests „A Discipline of Programming" (1976), in dem er den Begriff des eleganten Programmierens stark machte

niederländischer Mathematiker und Entwickler des Musters „Softwareprüfung als Beweis"

Dimension

Ausdehnung

in zwei Dimensionen

auf der Ebene mit den Achsen x und y

in höheren mathematischen Dimensionen

für größere Hochzahlen

Jeff Dinitz (*1952)

Mathematiker, der eine Vermutung über partielle lateinische Quadrate aufgestellt hat

Mathematiker, der als graduierter Student an der Ohio State Universität Ende der 70-er Jahre des 20. Jahrhunderts eine Variante des Problems der lateinischen Quadrate ersann, an die vorher niemand gedacht hatte

Dinitz-Vermutung

Frage, ob man beliebig große partielle lateinische Quadrate erzeugen kann

Frage, deren praktische Übersetzung sich auf jedem Stundenplan findet, da ein Schuldirektor vermelden möchte, dass ein Lehrer gleichzeitig in zwei Klassen oder Räumen unterrichtet

Vermutung, die durch einen Kunstgriff von Fred Galvin zum Dinitz-Theorem wurde

Diophantos aus Alexandria (um 250 n. Chr.)

Diophant

antiker Mathematiker und Autor des Buchs „Arithmetica"

griechischer Gelehrter, der im dritten Jahrhundert nach Christus elementare Gleichungen behandelte

alexandrinischer Mathematiker, der erstmals die sogenannten diophantischen Gleichungen als begriffliche Domäne eröffnete

Mathematiker, der die antike Arithmetik aus ihrer sinnlichen Gebundenheit befreit und damit das pythagoräisch-mystische, nicht selten gnostische und immer intuitive Zahlenverständnis der Alten beendet und überschritten hat

diophantische Gleichung

Typ Gleichung, deren Lösungsbereich die Mengen der ganzen und der rationalen Zahlen ist

diophantisches Problem

Aufgabe zu zeigen, dass z. B. der Bruch (21n+4):(14n+3) für keine natürliche Zahl zu kürzen ist

disjunkt

unverbunden

diskret

voneinander abgesetzt, abgegrenzt

Diversifikation der Mathematik

zunehmende Aufsplitterung der mathematischen Forschung in immer abstraktere Spezialgebiete, in denen weltweit zum Teil nur noch eine Handvoll Wissenschaftler arbeiten

Dividierer

Recheneinheit, die für die Kalkulation von Kehrwerten gebraucht wird

Probedivision

versuchsweises Teilen von Zahlen, um z. B. herauszufinden, ob diese Primzahlen sind

Wolfgang Döblin (1915-1940)

Vincent Doblin

Schriftstellersohn, der in Paris Mathematik studierte und die langen Kriegswochen an der Front damit verbrachte, eine von Kolgomorow 1931 publizierte Gleichung der Wahrscheinlichkeitsrechnung zu lösen

Dodekaeder

platonischer Körper aus zwölf Fünfecken

Doppel-Blasen-Problem

mittlerweile bewiesene Vermutung, dass es keine Form mit geringerer Hautfläche als die einer doppelten Seifenblase gibt, mit der sich zwei bestimmte Luftmengen getrennt voneinander einschließen lassen

Frage nach dem Doppelvolumen-Optimum

Drehungen

Operationen, die die Elemente einer Gruppe bilden, da sie addiert und wieder rückgängig gemacht werden können

dreidimensional

räumlich

Dreieck

geometrische Figur aus drei Seiten in einer Ebene

Gebilde, dessen Summe der Innenwinkel 180 Grad beträgt

eisernes Dreieck

Machtstruktur beim VW-Konzern aus Gewerkschaft, Politik und Eigentümer-Clan, in dem Interessen ausgekungelt werden (2018)

goldenes Dreieck

Grenzregion von Burma, Thailand, Laos und China, zu der die burmesische Stadt Mong La gehört, die als der bedeutendste Umschlagplatz für bedrohte Wildtiere gilt

Sperner-Dreieck

Muster aus einem gleichseitigen Dreieck, das mit kleineren dreieckigen Fliesen vollständig gekachelt ist, wobei die Ecken des umschließenden Dreiecks mit drei verschiedenen Zahlen beschriftet und die Fliesenecken, die an die Kanten des umschließenden Dreiecks stoßen, mit zwei verschiedenen Zahlen beschriftet sind

Dreifarbenbehauptung

von Steve Fisk mit einem Induktionsbeweis bestätigte Behauptung, dass sich die Eckpunkte eines Dreiecknetzes so mit den Farben Rot, Blau und Grün färben lassen, dass zwei Ecken, die durch eine Außenwand oder eine Diagonale miteinander verbunden sind, niemals dieselbe Farbe haben

313

Autonummer von Donald Duck

im Amerikanischen „three thirteen", also der 13. März, was auf Freitag, den 13., anspielt

Drei-Körper-Problem

Problem, dass sich die Gleichungen, die die Bahnen von drei Himmelskörpern beschreiben, nicht exakt lösen lassen

3SAT-Problem

bekanntes Problem aus der mathematischen Logik

Problem, bei dem es darum geht, Variablen in bestimmten logischen Formeln so mit Wahr-Falsch-Werten zu besetzen, dass aus der gesamten Formel eine wahre Aussage wird

Aufgabe, die sich nicht effizient lösen lässt

33 439 123 484 294

exakte Zahl verschiedener Springerkreise

Anzahl verschiedener Möglichkeiten für Springerkreise, wenn man die Richtung der Springerkreise außer Acht lässt (ansonsten sogar doppelt so viele)

Andreas Dress (*1938)

Mathematiker, der sich von Nobelpreisträger Manfred Eigen hat anregen lassen, an der Mathematik für die Herleitung von Stammbäumen aus Gensequenzen zu arbeiten

Mathematiker, dessen Arbeit unter anderem der mathematischen Kristallographie gewidmet ist

Schöpfer der Delaney-Dress-Symbole

Drittheorie

Theorie, nach der das erste Drittel eines mathematischen Kolloquiumsvortrags für jeden Zuhörer verständlich sein sollte, das zweite nur noch für Spezialisten des betreffenden Teilgebiets und das dritte für niemanden mehr

Satz vom ausgeschlossenen Dritten

für die klassische Logik bedeutende Grundlage, dass es nur wahre oder falsche Aussagen gibt, aber keine Nuancen zwischen wahr und falsch

Behauptung, dass ein X entweder unter den Begriff F fällt oder eben nicht

Dualsystem

Zahlensystem, in dem Computer rechnen und Zahlen nur durch Nullen und Einsen ausdrücken

Underwood Dudley (*1937)

Mathematiker und Professor an der De-Pauw University in Indiana, der 1992 das Buch „Mathematical Cranks" veröffentlichte, in dem er über Zeitgenossen, die Mathematik auf eher unkonventionelle Art betreiben, berichtete (1999)

Gunter Dueck (*1951)

Abteilungsleiter am Institut für Supercomputing und angewandte Mathematik des Wissenschaftlichen Zentrums der IBM in Heidelberg (1992)

Mathematiker, der zunächst Hochschullehrer war, bevor er sein Glück in der Wirtschaft bei IBM suchte, wo er den Titel Cheftechnologe trägt (2004)

Mitherausgeber des Buchs „Management by Mathematics. Erfahrungen und Erfolge von Executives und Politikern"

Mathematiker, der versucht, einen Graben zwischen Managern und Mathematikern zu ziehen, da die Mathematiker intuitiv denken und sich nach wahren Erkenntnissen sehnen würden, während Manager vor allen praktisch veranlagt seien und die Welt mit Kennzahlen vermessen, um den Hebel zu finden, mit dem sie ihr Unternehmen mit einem Ruck in die richtige Richtung bewegen können

Hugo Duminil-Copin (*1985)

Franzose, der 2022 mit der Fields-Medaille ausgezeichnet wurde

Professor für mathematische Physik und Wahrscheinlichkeitstheorie an der Universität Genf und am Institut des Hautes Études Scientifiques in Paris (2022)

Mathematiker, der die mathematischen Theorien der Phasentransformation und der Perlokation in drei und vier Dimensionen verband und so Fragen zur Magnetisierung von Materialien und zur Quantenmechanik beantworten konnte

William Dunham (*1947)

amerikanischer Mathematikprofessor und Autor des Buchs „Mathematik von A-Z"

Mathematikprofessor im amerikanischen Pennsylvania, der Euklids Beweis zur Unendlichkeit der Primzahlen als Lackmustest für mathematische Sensibilität erklärt: „Diejenigen mit einem natürlichen Hang zur Mathematik rührt er zu Tränen, diejenigen ohne einen solchen Hang finden ihn zum Heulen." (2002)

Albrecht Dürer (1471-1528)

Nürnberger Meister, der Rechenkunstwerke erschaffen hat

Universalgelehrter, Künstler, Theologe, Händler und Glücksspieler, sowie Mathematiker – eine seiner weniger bekannten, aber nicht weniger genialen Seiten

dynamisches System

System, das einen anschaulichen Ursprung hat – die Himmelsmechanik

Schlagwort, bei dem manche an farbenprächtige Computerbilder denken, andere an Bausteine einer neuen Welterklärung

mathematisches Spezialgebiet, für das Poincaré die Gründungsfigur ist

nichtlineares dynamisches System

System, das bereits gegen kleinste Unterschiede in den Anfangsbedingungen empfindlich ist, z. B. das Wetter

Euklid

e
Eulersche Zahl

$e^{i\pi}+1=0$

$e^{i\pi}=-1$

schönste Gleichung aller Zeiten

Formel von Leonard Euler, die die Zahlen 0 und 1 sowie drei fundamentale Konstanten, die Eulersche Zahl e, die Kreiszahl π und die imaginäre Einheit i miteinander verknüpft

E8
komplexeste Symmetrie-Gruppe

Lie-Gruppe, deren Elemente die Art und Weise beschreiben, wie ein 57-dimensionales geometrisches Objekt gedreht werden kann, ohne dass sich dabei sein Aussehen verändert

Beschreibung der Symmetrie eines 57-dimensionalen Körpers, der auf 248 verschiedene Arten gedreht werden kann

Gruppe, dessen zweidimensionale graphische Darstellung wie ein buntes Mandala erscheint

eben
Eigenschaft, dass zwischen links und rechts unterschieden werden kann

Eva Eggelin
Mathematikerin, die am Fraunhofer-Institut zwischen den zwei Standorten Graz und Klagenfurt pendelt und hier für Datenvisualisierung zur Entscheidungsunterstützung und dort für Künstliche Intelligenz, Machine- und Deep Learning zuständig ist

Einmaleins
Handwerkszeug

großes Einmaleins
Berechnung der Lücke zwischen dem Bedarf an Ingenieuren in der Elektroindustrie, der Zahl der Studienanfänger und der Zahl derer, die das Studium abbrechen, weil sie an der Mathematik scheitern

kleines Einmaleins
sinnliche Angelegenheit, die zwei verschiedene Systeme im Gehirn beschäftigt

Einmaleins des klaren Denkens
Titel eines Buchs von Christian Hesse

Einmaleins des großen Geldes
hohe Mathematik in der Finanzwirtschaft

Hexen-Einmaleins

Beschwörungsformel, mit dem der Protagonist in Goethes Faust-Drama von einer Hexe umgarnt wird:

„Du musst verstehen! / Aus Eins mach Zehn, / Und Zwei laß gehen, / Und Drei mach gleich, / So bist Du reich. // Verlier die Vier! / Aus Fünf und Sechs, / So sagt die Hex, / Mach Sieben und Acht, / So ists vollbracht: // Und Neun ist Eins, / Und Zehn ist keins. / Das ist das Hexen-Einmaleins!"

zitiert von Mike Mlynar in „Hexen-Einmaleins" (ND 16.7.2022)

politisches Hexeneinmaleins

von Jean Améry verwendete Bezeichnung für den Antizionismus

kleines Kinokalamitäten-Einmaleins

Verfahren, um aus einem schmalen Buch einen fünfteiligen Filmzyklus zu entwickeln

kleines Einmaleins des Organisierens

Einmaleins, das auch für Mathematiker nicht immer einfach zu beherrschen ist

Einmaleins der Skepsis

statistisches Denken, um bestimmte Dinge für sich selbst zu überprüfen

Eins

Zahl, ohne die wir nicht zählen könnten

Zahl, aus der sich nach der Lehre des Pythagoras die Welt entwickelt hat

1:1

ohne auch nur eine Änderung

123456

Zahlenreihe, die unangefochten auf dem ersten Platz der beliebtesten Passwörter liegt

Albert Einstein (1879-1955)

berühmter Physiker, der als Schüler den klassischen Beweis von Euklid für unnötig kompliziert hielt und kurzerhand einen anderen austüftelte

1729

Gottes Handynummer

kleinste natürliche Zahl, die man auf genau zwei verschiedene Arten als Summe zweier Kubikzahlen schreiben kann

Zahl, die zu den harmlosesten Funden in den legendären Notizbüchern von Srinivasa Ramanujan gehört

Eleganz

Schönheitssinn, auf den der Ehrgeiz der Mathematiker zielt

Schönheitssinn, den die mathematische Arbeit seit ihren frühesten Anfängen charakterisiert hat

El-Farol-Problem

Dilemma, das sich mit der Vorhersage des Verhaltens anderer Individuen befasst, die das Gleiche tun wollen, sich gegenseitig aber dabei behindern

Problem, bei dem 100 Liebhaber irischer Musik, die in Santa Fe leben und donnerstags dem El Farol nur dann einen Besuch abhalten wollen, wenn dort nicht mehr als 60 Gäste sind, und deshalb raten müssen, wie sich die anderen an diesem Abend entscheiden, und daheim bleiben, falls sie auf Überfüllung tippen, und sich ansonsten ins Getümmel wagen

elliptische Kurve

geometrisches Gebilde, das sich durch Gleichungen mit Potenzen beschreiben lässt, etwa Parabeln oder eben Ellipsen

Kurve, die durch die Gleichung $y^2=x(x-a)(x-b)$ in der Ebene mit den Koordinaten x und y beschrieben wird

Klasse kubischer Gleichungen, die in der Mathematik und auch für Anwendungen in der Kryptographie sehr wichtig sind

Matthias Engelhardt

Mathematiker von der Firma Siemens in Nürnberg, dem es gelang, das toroide Damenproblem für 25*25 Felder in den Griff zu bekommen (2000)

Enigma

mechanische Codiermaschine der deutschen Wehrmacht im Zweiten Weltkrieg

Chiffriermaschine, die der deutsche Ingenieur Arthur Scherbius 1918 erfand

Enigma-Verschlüsselungssystem

Verschlüsselungssystem der Deutschen im Zweiten Weltkrieg, das von Alan Turing und seinen Kollegen durch den Einsatz einfallsreicher mathematischer und technischer Mittel systematisch geknackt wurde

vollständiges Enumerieren

Ausprobieren aller möglichen Lösungen bei Problemen in der diskreten Mathematik

Hans Magnus Enzensberger (1929-2022)

Dichter, der das Buch „Der Zahlenteufel" geschrieben hat, mit dem er bei Kindern die Liebe zur Mathematik wecken möchte

Schriftsteller, der sich 1998 in seinem Vortrag „Zugbrücke außer Betrieb oder die Mathematik im Jenseits der Kultur" mit der kulturellen Rolle der Mathematik beschäftigte

Schriftsteller, der sagt, dass der Ausschluss der Mathematik aus der Sphäre der Kultur einer Art intellektueller Kastration gleichkomme

Eratosthenes von Kyrene (276-194 v.Chr.)

Mathematiker, der den Erdumfang mit einfachsten Mitteln wie Schatten zur Mittagszeit und seinen eigenen Füßen berechnete

Mathematiker, der aus dem Ufersand die Primzahlen heraussiebte

Sieb des Eratosthenes

das seit dem Altertum bekannteste Suchverfahren für Primzahlen

Paul Erdös (1913-1996)

Euler des 20. Jahrhunderts

Ungar, der bereits mit 20 Jahren von sich hören ließ, als er äußerst elegant das Bertrandsche Postulat bewies

Mathematiker, der von einem Buch im Himmel träumte, in dem alle mathematischen Sätze mit dem jeweils schönsten Beweis verzeichnet sind

Mathematiker, der glaubte, Gott habe die elegantesten Beweise der Mathematik in ein Buch geschrieben, doch er verweigere den Menschen die Einsicht

Vagabund, der fast 60 Jahre seines Lebens damit verbrachte, durch die Welt zu reisen, Kollegen zu besuchen und mit ihnen neue Theoreme aufzustellen

eine der schillerndsten Persönlichkeiten der mathematischen Welt:

„Allein sein Fleiß war bemerkenswert. Als Autor und Koautor schrieb er mehr als 1500 wissenschaftliche Aufsätze – eine Zahl von 50 Beiträgen gilt in der Mathematik bereits als praktisch unerreichbar. Erdös reiste rastlos von Kontinent zu Kontinent, arbeitete mit über 400 Mathematikern zusammen. Nie hatte er mehr als zwei Koffer und ein wenig Bargeld bei sich. Seine Freunde kümmerten sich um Tickets, Unterkunft und um das Waschen seiner Kleidung."

Vasco Schmidt in „Die Eleganz der Mathematik" (Zeit, 21.3.1997)

Erfüllbarkeitsproblem

Problem, das darin besteht,
in einer logischen Verknüpfung
von Aussagen, die entweder
wahr oder falsch sein können,
die Einzelaussagen so mit einem
Wahrheitsgehalt zu belegen,
dass die Gesamtaussage
wahr wird

Suchproblem, das berüchtigt
ist, weil die Zahl der möglichen
Lösungen und damit auch die
Rechenzeit exponentiell mit der
Zahl der verknüpften Aussagen
wächst

Ergodentheorie

Theorie, die angewendet wird,
wenn es darum geht, chaotische
Bewegungen zu beschreiben

mathematischer Zweig dynami-
scher Systeme, in dem das alte
Bedürfnis der Menschheit, in
die Zukunft schauen zu können,
erforscht wird, indem danach
gefragt wird, unter welchen
Bedingungen eine Vorausbe-
rechenbarkeit gegeben ist und
wann sich ein System chaotisch
verhält

von Boltzmann entwickelte
Theorie

Erwartungswert

Durchschnittsgewinn

Maurits Cornelis Escher (1898-1972)

niederländischer Graphiker, der
sogar eine eigene Formelsprache ersonnen hatte, um dem
Geheimnis seiner Arbeit auf
die Spur zu kommen

Euklid (3. Jh. v. Chr.)

antiker Klassiker der Mathematik

Kopf einer Forschergruppe, der
300 v. Chr. mit seinem Papyrus-
rollenwerk „Die Elemente" einen
modernen Zugang zur Mathematik eröffnet hat

griechischer Mathematiker,
der vor 2500 Jahren den Fundamentalsatz der Arithmetik
bewiesen hat

Mathematiker, der schon vor
rund 2300 Jahren bewies, dass
es unendlich viele Primzahlen
gibt

erfolgreichster Wissenschafts-
autor aller Zeiten

euklidische Ebene

Ebene, in der zu keiner Geraden
durch jeden Punkt, der nicht auf
ihr liegt, mehr als eine Parallele
läuft

euklidischer Raum

der uns vertraute Raum

Leonard Euler (1707-1783)

Mathematiker, der bis heute als der produktivste Mathematiker aller Zeiten gilt

Mathematiker, der rechnete, wie andere atmen

Wissenschaftler und Mathematiker, der eine Reihe grundlegend neuer Formeln für Pi aufstellen konnte

Mathematiker, der die Kreiszahl mit „π" benannte und damit diese Bezeichnung populär machte

Mathematiker, der den Fermatschen Satz für n gleich drei bewies

Mathematiker, der Beweise für die Fermatsche Vermutung für die Hochzahlen 3 und 4 fand

Schweizer Mathematiker, der als Erster Zahlenquadrate wie die lateinischen Quadrate systematisch untersucht hat

Mathematiker, der ein Verfahren zum Aufspalten in reelle und imaginäre Zahlen erfunden hat

Mathematiker, der 1736 gezeigt hat, dass das Königsberger Brückenproblem nicht lösbar ist

Mathematiker, Physiker und Astronom, der 1759 die Frage stellte, ob man mit einem Springer alle Felder auf dem Schachbrett genau einmal besuchen und dann zum Ausgangspunkt zurückkehren kann

Mathematiker, der auf dem Zehn-Franken-Schein aus der Schweiz abgebildet ist

Mathematiker, dessen mathematischen Musikmodelle in der Aufklärung zum Klavierstimmen benutzt wurden

Mathematiker, der hochbegabt, aber ohne Aussicht auf eine Anstellung als 20-Jähriger 1727 seine Geburtsstadt Basel verließ und eine Karriere im Ausland startete

Mathematiker, Philosoph, Astronom, Physiker und Wassertechniker

Sohn einer Pfarrersfamilie

Eulersche Polyederformel

e-k+f=2

Formel, die den Zusammenhang zwischen der Anzahl der Ecken, Kanten und Flächen eines konvexen Polyeders angibt, z. B. beim DIN-A4-Blatt:

„Und wenn Sie jetzt dieses doppelte Blatt ansehen, dann kann ich wieder sagen, es gibt 4 Kanten, 4 Ecken, 2 Flächen… und Euler ist wieder richtig. Jedes Stück Papier taugt als Beispiel für den Eulerschen Polyedersatz, jetzt schneide ich eine Kante ab.' (Er tuts, schnapp!) „… jetzt habe ich immer noch zwei Flächen, habe jetzt aber mehr Kanten und auch mehr Eckpunkte … Der Eulersche Polyedersatz stimmt immer noch.'"

Gabriele Göttle zitiert Friedrich Hirzebruch in „Apodiktische Gütigkeit" (taz, 29.10.2001)

Exponent

Hochzahl, n in 2^n

Exponentialfunktion

Funktion, die in Verbindung mit Wachstumsvorgängen und bei der Zinsrechnung auftritt

Teil des politischen Alltags im Kontext eines immer wieder außer Kontrolle geratenen Infektionsgeschehens

Funktion, die ein zunehmend explosives Wachstum beschreibt, das im Gegensatz zu einem gleichmäßig linearen Wachstum eine verstörende Unanschaulichkeit besitzt:

„Die Legende vom Schachbrett und dem Reiskorn, bei dem, beginnend mit einem einzigen Korn, die Menge der Körner von Feld zu Feld verdoppelt wird, um damit schließlich die irdischen Reisreserven auf dem Schachbrett zu versammeln, ist eine beliebte Illustration."

Sibylle Anderl in „Ab wann wächst die Zahl der Neuinfektionen exponentiell?" (FAZ, 16.12.2020)

exponentiell lösbar

mit einem Rechenaufwand lösbar, bei dem die Problemgröße n als Hochzahl, etwa 2^n, in der Rechenzeit steckt

exponentiell

erheblich, stark

explosionsartig, inflationär

sich wie z. B. 2^n verhaltend

sich nicht nur einmal, sondern ständig verdoppelnd:

„Ein Virus allein ist nicht gefährlich. Aber wenn er sich verdoppelt, dann ist das schon gefährlicher. Die Viren verdoppeln sich aber nicht nur ein Mal. Wenn ich zwei Leute anstecke und die stecken wieder je zwei Leute an, dann haben sie schon vier angesteckt. Das nennt man dann exponentiell. Dann wirken die folgenden Zahlen hochgefährlich: 1, 2, 4, 8, 16, 32, 64, 128, 256, 512 und 1024. Zehn Mal verdoppelt heißt also vertausendfacht. 20 Mal verdoppelt ergibt eine Million. 30 Mal verdoppelt – das macht eine Milliarde Infizierte."

Rudolf Taschner im Interview mit Peter Gnaiger in „Mit Gott kann man immer rechnen" (Salzburger Nachrichten, 4.12.2021)

exponentielle Zeit

Komplexität eines Algorithmus, bei dem ein Computer schnell an die Grenzen seiner Rechenkapazität gerät und an einer Lösung eines gegebenen Problems scheitert

exponentielles Wachstum

zunehmend explosives Wachstum

Begriff, der gerade während der Corona-Pandemie Einzug in die täglichen Nachrichten gefunden hat und in etwa so geht:

„Eines Tages bildet sich eine winzige Algenkolonie auf einem See. Tag für Tag verdoppelt die Kolonie ihre Größe. Greift niemand ein, wird an Tag 60 die ganze Seeoberfläche bedeckt und das Wasser vergiftet sein. Letzte Möglichkeit, noch einzugreifen, wäre, wenn die Algen die Hälfte der Oberfläche bedecken. Dies ist wegen des exponentiellen Wachstums aber nicht etwa an Tag 30 der Fall, sondern an Tag 59. Dann allerdings bleibt nur noch ein Tag Zeit, um den See vor der drohenden Algenpest zu retten."

Regina Hartleb in „Warum wir meist die falsche Warteschlange wählen" (Rheinische Post, 12.5.2021)

extrapolieren

in die Zukunft blicken

Extremwerttheorie

Theorie, mit der Unternehmen die Häufigkeiten von Ereignissen abschätzen, die noch nie eingetreten sind

Fermat

Fadenproblem

Steigerung des Plateau-Problems

Problem, bei dem die Form eines Teils einer geschlossenen Kurve gesucht ist, wobei nur dessen Länge vorgegeben ist und die gesamte Kurve eine Minimalfläche umrandet

Problem, das man in Experimenten mit Seifenlauge veranschaulichen kann und dessen Lösungen bei Architekten beliebte Konstruktionsvorlagen sind

Faktorisierung

Zerlegung von Zahlen

Gerd Faltings (*1954)

erster deutscher Preisträger der Fields-Medaille

deutscher Mathematiker, der 1983 die Mordellsche Vermutung über bestimmte Kurven bewies und dem damit ein fundamentaler Durchbruch für den Beweis der Fermatschen Vermutung gelang

Mathematiker, der von 1983 bis 1994 an der amerikanischen Princeton Universität arbeitete, bevor er als Direktor ans Bonner Max-Planck-Institut für Mathematik kam

Direktor am Max-Planck-Institut
für Mathematik in Bonn, der
1986 eine Fields-Medaille
erhielt (2001)

Mathematiker, den Hirzebruch
aus Princeton losgeeist hat, als
einen, der das Vermächtnis der
großen deutschen Mathematiker
der Vergangenheit wie Gauß,
Hilbert, Riemann oder Leibniz zu
wahren hat

Avantgardist der heutigen
Arithmetik

berühmter deutscher Mathematiker, der in den beiden
ersten Jahren des Bundeswett-
bewerbs Mathematik 1971 und
1972 Bundessieger war

Faltung

mathematisches Prinzip, das
unendliche Bewegung in einer
endlichen Welt durch Wachstum
in die Vielfalt erlaubt

Linkage-Faltung

geometrische Faltung, bei der es
um eindimensionale Ketten geht

Fantastilliarde

Zahlwort für den Reichtum,
den Onkel Dagobert in seinem
berüchtigten Geldspeicher in
Entenhausen hortet

Gábor Farkas

ungarischer Mathematiker, der
mit vier Kollegen 2005 einen
Weltrekord für Primzahlzwillinge
aufstellte

Bertram Felgenhauer

Mathematiker von der Technischen Universität Dresden,
dem mit Unterstützung von
Frazer Jarvis gelang, die genaue
Anzahl der Sudokus zu ermitteln,
nämlich 6 670 903 752 021 072
936 960 (2006)

Farmer's-Daughter-Problem

Variante des Problems des Han-
delsreisenden, bei der nicht einfach die kürzeste Tour des cleve-
ren Handelsmanns gesucht wird,
sondern der kürzeste Weg unter
der Nebenbedingung, zwischen-
durch einen bestimmten Punkt
anzusteuern für einen Besuch
des verliebten Handlungsreisenden bei der Farmerstochter

Ronald Fedkiw (*1968)

Mathematiker an der University
of California in Los Angeles, dessen Spezialgebiet die Modellierung von Explosionen ist und der
es zum hochbezahlten Berater in
Hollywood gebracht hat (1999)

Emil A. Fellmann (1927-2012)

Basler Mathematiker und Autor
des Buches „Leonard Euler"

Sam Ferguson

Doktorand, mit dessen Hilfe und
der Hilfe eines Computers Tom
Hales die Keplersche Vermutung
bewies, indem er 5000 Typen
von Kugelhaufen abarbeitete
(2006)

Pierre de Fermat (1601-1665)

Toulouser Parlamentsrat und Hobbymathematiker, der als bedeutendster Zahlentheoretiker seiner Zeit verehrt wurde

Jurist und Hobbymathematiker, der 1607 im südfranzösischen Beaumont de Lomague geboren wurde und es liebte, Behauptungen aufzustellen, den Beweis aber für sich zu behalten

Jurist und Mathematiker aus Leidenschaft, der wegen des nach ihm benannten Fermatschen Problems und vor allem wegen des von ihm hergeleiteten Brechungsgesetzes für Lichtstrahlen berühmt ist

Mathematiker, der viele Probleme hinterließ, von denen einige erst nach hundert, einige erst nach hundertfünfzig Jahren bewiesen wurden und viele zu nützlicher Mathematik führten

Hobby-Mathematiker, der lapidar an den Rand des Buches von Diophantos kritzelte: „Ich habe einen wahrhaft wunderbaren Beweis dieses allgemeinen Satzes entdeckt, der auf diesem Rand nicht Platz findet."

französischer Jurist und Mathematiker, der mit dem nach ihm benannten Großen Satz des Fermat den Mathematikern eine Nuss hinterlassen hatte, die sich allen Versuchen von hochkarätigen Mathematikern und zahlenbegeisterten Laien, einen Beweis zu finden, hartnäckig widersetzte

Mathematiker, dessen Behauptung, die er 1637 in sein Exemplar der „Arithmetik" des Diophant notierte, die langwirkende Fruchtbarkeit bedeutender Vermutungen belegt

vielseitig gebildeter Humanist, der französische, spanische und lateinische Verse machte

Mathematiker und profunder Kenner der antiken Autoren

französischer Amateurmathematiker

König der Amateure

Fermatsches Problem

Fermatsche Vermutung

das für lange Zeit berühmteste ungelöste Problem der Mathematikgeschichte

Vermutung, über die sich auch die schlauesten Köpfe über 300 Jahre lang das Hirn zermartert haben

Vermutung des Mathematikers Pierre de Fermat, die sich aus relativ simplen Zahlenspielereien ergibt

Vermutung, die 1637 an den Rand einer Buchseite geschrieben wurde, viele Mathematiker heftig herausgefordert hat und erst Ende des 20. Jahrhunderts endgültig als wahr bewiesen werden konnte

Vermutung, die der Brite Andrew Wiles bewies

Vermutung, deren Beweis ein Weltereignis war

Vermutung mit einer Geschichte voller Dramatik, Tragik und Poesie

eine vor über 300 Jahren vermutete Merkwürdigkeit

Vermutung, bei der das Vertrackte ist, dass sie sich auch Laien verständlich machen lässt, dass aber für den Beweis anscheinend nur schwierigste mathematische Schlüsse zum Erfolg führen können

Vermutung, dass der Satz des Pythagoras in höheren mathematischen Dimensionen nicht mehr gilt

Behauptung, dass es keine ganzzahligen Lösungen für $a^n+b^n=c^n$ gibt, wenn n größer als 2 ist

Behauptung, dass es keine drei natürlichen Zahlen a, b und c gibt, die der Gleichung $a^n+b^n=c^n$ genügen, wenn n größer als zwei ist:

„Ich habe einen wahrhaft bemerkenswerten Beweis hierfür gefunden, aber der Rand ist zu klein, ihn zu fassen', fügte der französische Mathematiker hinzu, ohne zu ahnen, was er damit anrichtete. Denn seit jenem unschicklichen Eintrag versuchten Mathematiker jahrhundertelang vergeblich, Fermats Behauptung entweder zu beweisen oder aber ein Gegenbeispiel zu finden – einen Kubus etwa, der sich in zwei Kuben zerlegen lässt."

Thomas de Padova in „Alles wegen einer Randnotiz" (Tagesspiegel, 28.6.1997)

Satz von Fermat-Wiles

Großer Satz von Fermat, Fermats letzter Satz, Fermats Theorem

Satz, der ab den 1980-er Jahren eine begriffliche Form gefunden hat, die ihn der formalen Analyse zugänglich machte

Theorem, dessen Beweis die Instrumente geschärft hat, was allein bereits die Anstrengung wert gewesen ist

Satz, an dem sich Mathematiker drei Jahrhunderte die Zähne ausgebissen haben und der im Jahre 1995 von Andrew Wiles bewiesen worden ist

Jahrhundertereignis der Mathematik im 20. Jahrhundert

Erkenntnis, dass die Gleichung $a^n+b^n=c^n$ für positive ganze Zahlen nur dann Lösungen hat, wenn n entweder 1 oder 2 ist:

„Für den Exponenten n=3 besagt Fermats Satz anschaulich Folgendes: Es ist nicht möglich, aus zwei Würfeln einen dritten herzustellen, dessen Volumen gleich der Summe der beiden Würfel beträgt, wenn man verlangt, dass alle drei Würfel eine Kantenlänge von ganzzahligem Wert besitzen sollen. Betrachtet man den Fall n=2, so gilt Fermats Aussage nicht mehr. Dann nämlich hat man den aus der Schule bekannten Satz des Pythagoras; und es gibt sogar unendlich viele Zahlen x, y und z, für die die Gleichung $x^2+y^2=z^2$ gilt."

René Wiegand in „Hohe Summen für Genies" (Rhein. Merkur, 39/2000)

Fermatist

Laien-Mathematiker, der sich am Beweis der Fermatschen Vermutung versucht

Lodovico Ferrari (1522-1565)

Schüler Cardanos, dem die Reduktion Gleichungen vierten Grades auf solche dritten Grades gelungen war – und somit auch deren explizite Lösung

Fibonacci (1170-1240)

Künstlername von Leonardo da Pisa

Mathematiker im frühen 13. Jahrhundert, der mit den Anfängen der Wahrscheinlichkeitstheorie verbunden ist

Mathematiker, der im Jahr 1202 eine Tabelle der Primzahlen von 11 bis 97 zusammengestellt hat

Mathematiker, der im Jahr 1202 ein Buch über das arabische Zahlensystem veröffentlichte und damit die Null in Europa einführte

John Charles Fields (1863-1932)

kanadischer Mathematiker, der den internationalen Mathematiker-Kongress von 1924 in Toronto/Kanada organisierte

Mathematiker, nach dem die Fields-Medaille benannt ist

kanadischer Mathematiker, dem es 1924 durch geschickte Vermarktung von Ergebnissen aus der angewandten Mathematik gelungen ist, so viele Sponsoren für den 8. Internationalen Mathematiker-Kongress zu gewinnen, dass am Ende ein finanzieller Überschuss verblieb, aus dem die Preisgelder für die Fields-Medaillen bereitgestellt wurden

Fields-Medaille

höchste Auszeichnung in der Mathematik, die erstmals im Jahre 1936 vergeben wurde

mathematische Auszeichnung, die alle vier Jahre an bis zu vier Mathematiker verliehen wird, die jünger als vierzig Jahre sind

höchste Ehrung für Mathematiker unter 40 Jahren – nicht von der Dotierung her, die liegt nur bei 15000 kanadischen Dollar, aber hinsichtlich ihrer Reputation

Medaille, die als Nobelpreis der Mathematik gilt und an dem alle vier Jahre stattfindenden Weltkongress der Mathematik verliehen wird

renommierte Medaille der International Mathematical Union (IMU)

Goldmünze mit dem Kopf des Archimedes

Finger

natürliches Rechenhilfsmittel:

„Menschen zählen und rechnen schon seit Menschengedenken mit den Fingern, einem natürlichen *Rechenhilfsmittel. Das Wort* digital *leitet sich aus dem Lateinischen* digitus, Finger, *her. Mit zwei Händen kann man durch unterschiedliche Stellungen der Finger Zahlen bis 9999 darstellen."*

aus „Gab es überhaupt eine vordigitale Zeit?" (FAZ, 6.4.2021)

Finite-Elemente-Methode

Methode, bei der man nach dem Baukastenprinzip komplexe Konstruktionen in viele kleine Elemente zerlegt, die berechnet und anschließend wieder zusammengesetzt werden

zentrales Hilfsmittel der computergestützten Mehrkriterienoptimierung

Transfinites

weites, unübersehbares Feld der aktualen mathematischen Unendlichkeit

Bernd Fischer (1936-2020)

Bielefelder Mathematiker, der wesentliche Eigenschaften des Monsters beschrieben hat (1997)

Steve Fisk (1946-2010)

Mathematiker vom Bowdoin College in Brunswick, Maine, der das Museumsproblem mithilfe der Dreifarbenbehauptung für Dreiecksnetze bewies (2002)

The Five Hysterical Girls Theorem

Theaterstück von Rinne Groff am Target Margin Theater, bei dem es um sehr große Zahlen wie z. B. um eine einundzwanzigstellige Nichtprimzahl geht, deren weitere Eigenschaften allerdings ebenso im Dunklen bleiben wie deren Funktion, nämlich den Selbstmord eines jungen Mathematikers auszulösen

Fläche

Begriff, der bloße Zweidimensionalität suggeriert

Flächeninhaltsproblem

Berechnung des Flächeninhalts innerhalb einer Kurve

Fold-and-Cut-Problem

mittlerweile mit Ja beantwortete Frage, ob sich aus einem Papierbogen mittels Faltungen und einem einzigen Scherenschnitt jede erdenkliche geradlinige Form zaubern lässt – Sternenketten, Häuser, Buchstaben oder stilisierte Flugzeuge

zufällige Zahlenfolge

Folge von Zufallszahlen

Zahlenfolge, für die es keine Regel gibt, die an irgendeiner Stelle das nächste Glied aus den vorhergehenden mit einer Wahrscheinlichkeit größer als 50 Prozent prognostiziert

Zahlenfolge, die sich nicht mit einer kürzeren Zeichensequenz, mit wenigen Worten oder Formelzeichen darstellen lässt:

„0, 1, 0, 1, 0, 1… , 0, 1 etwa kann man ausdrücken als ‚wiederhole 0, 1 x-mal'. Bei zufälligen Folgen darf es keine derartige Umschreibung in Kurzform geben. Theoretiker mag diese Definition befriedigen, doch taugt sie nur dazu, Folgen als nicht zufällig zu erkennen. Umgekehrt ist es schwieriger: Wie sollte jemand für eine Folge nachweisen, dass sie sich nicht auf irgendeine Art knapper darstellen lässt?"

Wolfgang Blum in „Arbeit für die Gesetzlosen" (Zeit, 15.3.1996)

arithmetische Folge

Aneinanderreihung von Zahlen, bei denen die Abstände zwischen je zwei aufeinanderfolgenden Gliedern gleich sind

z. B. 5, 8, 11, 14, 17, 20

Fibonacci-Folge

1, 1, 2, 3, 5, 8, 13, 21…

Folge, die irgendwie die Vermehrung von Kaninchen beschreibt

Zahlenfolge, bei der das Ergebnis jeweils die Summe der zwei vorhergehenden Zahlen ist

Hans Föllmer (*1941)

einer der herausragenden Vertreter der Finanzmathematik in Deutschland

Mathematiker an der Berliner Humboldt-Universität und angesehener Experte in der Derivatenforschung (1997)

Mathematik-Professor, der die Risiken des Aktienmarktes erforscht (1998)

Mathematiker, der sich des hektischen Treibens auf den Finanzmärkten angenommen hat (1998)

Experte der Stochastischen Analysis

Mathematiker, der erzählt: „Selbst so abstrakte Dinge wie unendlichdimensionale Räume tauchen inzwischen im Bankwesen auf." (1999)

Berliner Finanzmathematiker, der einmal gesagt hat, dass er, obwohl er nur Grundlagenforschung betreibe, doch zum Wissenstransfer in die Industrie beitrage, da seine Studenten keine Probleme hätten, in Banken und Versicherungen Arbeit zu finden

formales System

System bestehend aus einem
endlichen Alphabet, einer
Grammatik, die spezifiziert, was
sinnvolle Aussagen sind, einer
endlichen Anzahl von als wahr
genommenen Aussagen, den
Axiomen, und logischen Schluss-
regeln, die es gestatten, aus den
Axiomen weitere Behauptungen
herzuleiten

unvollständiges formales System

System, in dem mindestens eine
Formel existiert, die im gegebenen System weder beweisbar
noch widerlegbar ist

Formalismus

vor allem von David Hilbert
entwickelte Schule, die Mathematik als ein Spiel betrachtet
und sich für dessen Regeln
(und die Regeln der Regel-
gewinnung) interessiert

Vorstellung, dass Mathematik
das ist, was man macht, wenn
man mit undefinierten Größen
Logik treibt

Formalist

Mathematiker, der behauptet,
Mathematik benötige weder
Realität noch Bedeutung

Mathematiker, der die Mathematik lediglich für eine Folge
von logischen Deduktionen in
ausschließlich vom menschlichen
Geist entworfenen formalen
Systemen hält

mathematische Formeln

für die meisten Menschen so
etwas wie Hieroglyphen

Schrift, die verfügbare
Information komprimiert

Notation, die wunderbar deutlich
und jeder natürlichen Sprache
weit überlegen ist

Osterformel

Formel, die für jedes Jahr das
Osterdatum angeben kann

profitable Formel

mathematische Formel, die
einen Wettbewerbsvorteil
bringt

Formelgestrüpp

mathematische Formeln, in
denen sich ein mathematisch
nicht vorgebildetes Publikum
nicht zurechtfinden kann

Formelgläubigkeit

Glaube, dass die Formeln
der Mathematik alles erklären
können

Formelsprache

Zeichen, zu denen überall auf
der Welt das Plus-, Minus- und
Wurzelzeichen gehören

mathematisches Formelwerk

überbordende Formeln, mit
denen naturwissenschaftliche
Lehrbücher gespickt sind

mathematische Forschung

Forschung, die zu den preiswertesten Kulturleistungen gehört

Tätigkeit mit zufälligen Wendungen, angewiesen auf gedankliche Anregung von Kollegen in zufälligen Begegnungen

Beweisen neuer Theoreme

Lance Fortnow (*1963)

Computerwissenschaftler, der im Buch „The Golden Ticket", das als bisher beste Einführung in P/NP gilt, das fiktive Szenario eines Algorithmus entwickelt, der NP-Probleme in P-Probleme übersetzt und damit ein konstruktiver Beweis für P=NP ist

Fourier-Transformation

Methode in der Bildkompression, die darin besteht, das Gerappel der Grauwerte durch allerlei Wellen in den zwei Dimensionen nachzubilden und dann lediglich den Wellengehalt weiterzugeben

Fraktal

mathematische Menge, die sich in verkleinerter Form selbst enthält

Struktur, deren bildliche Darstellung auf der Wiederholung des Immergleichen beruht

seltsam verfranztes geometrisches Gebilde, das so kompliziert ist, dass man es niemals vollständig sehen kann

Gebilde wie das Apfelmännchen

Begriff, mit dessen Hilfe so komplizierte Dinge wie das Wetter, Bäume, Schneeflocken, aber auch soziale Systeme beschrieben werden können

Objekt, das auf verschiedenen Größenskalen zu sich selbst ähnlich ist, wie zum Beispiel ein Blumenkohl

Gebilde, bei dem immer wieder komplexe Strukturen auftauchen, wenn man einen noch so kleinen Ausschnitt vergrößert

selbstähnliches Gebilde, das aus vielen gleichartigen Formen zusammengesetzt ist, die ihrerseits wieder so ein Gebilde ergeben und so fort:

„Die Natur lässt sich nicht wirklich mit Figuren der euklidischen Geometrie beschreiben. Wolken sind keine Kugeln, Berge keine Kegel, Rinde ist nicht glatt… Natürliche Strukturen sind vielmehr unendlich rau. Jede Ausschnittsvergrößerung zeigt wieder neue Formen, die oft der ursprünglichen Struktur ähnlich sind. Ein Ast ähnelt dem Baum, ein Zweig dem Ast, die Adern in einem Blatt dem Zweig. Berge haben Ähnlichkeit mit Felsen, Felsen mit Steinen, Steine mit Sandkörnern. Solche Strukturen heißen selbstähnlich oder fraktal."

Wolfgang Blum in „Chaos, Chips und Handlungsreisende" (SZ, 20.9.1990)

fraktal

selbstähnlich

Farnfraktal

Farn, dessen Bild sich aus Miniaturfarnen zusammensetzt

Fraktal-Hype

Zeit in den 80-er Jahren des 20. Jahrhunderts, in der die Chaosforschung mit psychedelischen Computergrafiken die Öffentlichkeit elektrisiert hat

Fraktalist

Mathematiker, der die Werbetrommel für die fraktale Geometrie rührt, z. B. Heinz-Otto Peitgen

Gottlob Frege (1848-1925)

einer der Gründungsväter der modernen analytischen Philosophie

Logiker, der im Jahr 1879 die erste formale Sprache vorstellte

Logiker, der in seiner Begriffsschrift 1879 die mathematische Logik begründete

Mathematiker, der in seiner „Grundlegung der Arithmetik" von 1884 die Überzeugung entwickelte, dass sich alle mathematischen Operationen auf logische Folgerungen aus einigen wenigen Sätzen gründen

Gerhard Frey (*1944)

Essener Mathematiker, der 1986 eine Verbindung des Fermatschen Satzes mit einer Vermutung über elliptische Kurven entdeckt hat (1993)

deutscher Mathematiker, der bewies, dass wenn sowohl die Taniyama- als auch die Epsilon-Vermutung gelöst würden, dann daraus automatisch die Richtigkeit des Großen Fermat-Satzes folgte

in Essen wirkender Mathematiker, von dem eine Schlüsselidee für den Beweis der Fermatschen Vermutung kam (1994)

Mathematiker vom Essener Institut für experimentelle Mathematik, der klarstellt, dass das Hauptziel der Mathematik nicht die Anwendung, sondern die Schaffung von Kultur ist (1997)

Frey-Kurve

besondere elliptische Kurve, die Gerhard Frey zu der Annahme konstruierte, dass es eine Lösung für Fermats Gleichung gibt

Markus Frind

Mathematiker, der 2003 eine zweite arithmetische Primzahlfolge mit 22 Gliedern gefunden hat, deren erste Zahl 376859931192959 ist und deren Abstand zwischen den Gliedern 18549279769020 beträgt

Ferdinand Georg Frobenius (1849-1917)

Lehrer von Schur und einer der bekanntesten Vertreter der Berliner algebraischen Tradition zu Beginn des 20. Jahrhunderts

532650564250569441280

Hilfszahl, die von Zagier bei der Beweisführung benutzt wird, dass eine gegebene Zahl, hier die Zahl 73, sich nicht als Summe gebrochener Kubikzahlen darstellen lässt

Funktion

Zahlenbeziehung

Einwegfunktion

Einbahnstraßen-Funktion

mathematische Funktion, die zwar in der einen Richtung aus vorgegebenen Variablen leicht zu berechnen ist, bei der es aber andersherum nahezu unmöglich ist, aus ihr die ursprüngliche Variable zu ermitteln

Funktion wie die Faktorisierung von Zahlen, bei der es zwar recht schnell gelingt, Zahlen miteinander zu multiplizieren, aber es extrem aufwändig ist, eine große Zahl in ein Produkt von Primzahlen zu zerlegen

stetige Funktion

Funktion, die keine Sprünge enthält

Fuzzy-Theorie

Theorie zur Formulierung von Regeln, bei der man keine einzelnen Zahlenwerte, sondern Begriffe wie „hoch", „niedrig" und „mittel" nutzt

Fuzzifizierung

Verwendung von Fuzzy Logic als zentraler Bestandteil von technischen Geräten, z. B. Haushaltsgeräten

Defuzzifizierung

Runterbrechen eines unscharfen Ausgangswerts auf einen konkreten Zahlenwert

Gödel

Herbert Gajewski (1939-2019)

Mathematiker, der zu den 40 ehemaligen Akademie-Wissenschaftlern zählte, die 1997 noch am Berliner Weierstraß-Institut arbeiteten

David Gale (1921-2008)

Kalifornier, der vor knapp 40 Jahren zusammen mit Lloyd Shapley einen Ansatz zur Lösung des Hochzeitsproblems präsentierte (2000)

Evariste Galois (1811-1832)

Erschaffer der Gruppentheorie

Mathematiker, der schon als Siebzehnjähriger 1829 der französischen Akademie der Wissenschaften einen Aufsatz über Gruppen vorlegte

französischer Mathematiker, der als Siebzehnjähriger entdeckte, dass gewisse Operationen, die an den Lösungen von algebraischen Gleichungen vorgenommen werden, die besondere Eigenschaft haben, eine Gruppe zu bilden, womit die Entwicklung der modernen Algebra begann

Mathematiker, der um 1830 zu einer konzeptionellen Einsicht in die Lösung von Gleichungen höheren Grades gelangte und den Begriff der Symmetriegruppe einführte

junges Mathematikgenie, das im Alter von nur 21 Jahren einer Liebesaffäre wegen zum Duell gefordert wurde und in der Nacht vor seinem Tod, mit dem er rechnete, hastig seine mathematischen Erkenntnisse niederschrieb

Galois-Theorie

Theorie, mit der berühmte klassische Probleme ein für alle Mal erledigt werden konnten: die Quadratur des Kreises, die Dreiteilung des Winkels und die Verdoppelung des Würfels nur mithilfe von Zirkel und Lineal

Francis Galton (1822-1911)

Mathematiker im späten 19. Jahrhundert, englischer Snob und Vetter ersten Grades von Charles Darwin, der mithilfe eines von ihm als Quincux (Fünferding) bezeichneten Apparats die Normalverteilung von Einflussfaktoren anschaulich demonstrierte

Fred Galvin (*1936)

Mathematiker, der mit Alan Taylor und William Zwicker ein Verfahren ausbaldowert hat, mit dem sich beliebig viele Kuchenesser einen Kuchen mit endlich vielen Schnitten neidfrei unter sich aufteilen können

Mathematiker von der University of Kansas, durch den die Dinitz-Vermutung zum Dinitz-Theorem wurde (1994)

Martin Gardner (1914-2010)

angelsächsischer Autor, der Pionierarbeit für die Vermittlung von Mathematik geleistet hat

Carl Friedrich Gauß (1777-1855)

Göttinger Mathematiker, Physiker, Astronom und Landvermesser

richtungsweisender Mathematiker in der Vorgeschichte der modernen Mathematik

Mathematiker, der entdeckt hat, dass die euklidische Geometrie nicht alternativlos ist

Mathematiker, der in den 20-er Jahren des 19. Jahrhunderts die Idee entwickelt hat, dass man Oberflächen anhand ihrer Krümmung an verschiedenen Punkten ihrer Oberfläche charakterisieren kann

Mathematiker, der mit zahlentheoretischen Methoden und mit Methoden der Algebra herausgekriegt hat, für welche Primzahlen man den Kreis mit Zirkel und Lineal in p gleiche Teile einteilen kann, also z. B. in 17 gleiche Teile oder auch in 257

berühmter Mathematiker, der 1831 erklärt hatte: „So protestiere ich zuvörderst gegen den Gebrauch einer unendlichen Größe als einer Vollendeten, welcher in der Mathematik niemals erlaubt ist."

großer deutscher Mathematiker, der über das Fermatsche Problem einmal sagte, ihn interessiere es nicht, weil es keine allgemeingültigen Erkenntnisse liefere

Mathematiker, der sich mit dem Damenproblem beschäftigte, aber das Acht-Damen-Problem nicht vollständig lösen konnte

Mathematiker, der die Grundzüge moderner Versicherungsmathematik entwickelt hat, nachdem man ihm die Verwaltung der Professorenwitwen- und Waisenkasse übertrug

Mathematiker, der eine Osterformel publizierte

großer Mathematiker, der im 19. Jahrhundert das Königreich Hannover vermessen hat

deutscher Mathematiker, der im 19. Jahrhundert einen Telegraphen erfand

mathematisches Genie, das reichlich Spuren in der Stadt Göttingen hinterlassen hat, in der er von 1807 bis zu seinem Tod 1855 lebte

Mathematiker, für den sich in Braunschweig ein Denkmal befindet, das auf einem siebzehneckigen Sockel steht, der an die von Gauß gelöste Aufgabe erinnert, ein Siebzehneck nur mit Lineal und Zirkel zu konstruieren

Fürst der Mathematik, dessen Bildnis auf dem Zehn-Mark-Schein gezeigt ist

Gauß-Anekdote

oft erzählte Geschichte aus dem Schulleben von Gauß:

„Als neunjähriger Schüler bekam er die Aufgabe, die Zahlen von 1 bis 100 zu addieren. Eine lästige Fleißaufgabe, die keinerlei Schönheit der Mathematik erahnen lässt. Der kleine Carl Friedrich ließ aber schon damals sein Genie aufblitzen. Er schrieb die Zahlen 1 bis 100 in eine Reihe, in der Reihe darunter schrieb er sie in umgekehrter Reihenfolge von 100 bis 1. Nun addierte er jeweils die beiden untereinander stehenden Zahlen, also 1+100=101, 2+99=101, 3+98=101, usw. bis 100+1=101. Er hatte 100 Mal die Summe 101 erhalten, und da er die Reihe doppelt aufaddiert hatte, musste er das Ergebnis nur noch halbieren. Die Lösung ist so schön und elegant, dass sie sich ganz einfach verallgemeinern lässt: Ist n eine beliebige natürliche Zahl, so ist die Summe von 1 bis n gleich n*(n+1)/2. Das ist doch eine schöne Lösung – finden Sie nicht?"

Gesine Wiemer in „Mathematik ist schön" (FR, 19.5.2015)

Gaußsche Glockenkurve

Normalverteilung, unter der die Werte um eine Mittelachse streuen und Abweichungen nach oben oder unten entsprechend seltener sind

Kurve, die beschreibt, mit welcher Wahrscheinlichkeit sich Treffer um einen Mittelpunkt herum verteilen

eines der Lieblingswerkzeuge der Statistiker, das auch vom alten Zehnmarkschein bekannt ist

Gaußsche Korrelationsungleichung

Ungleichung, die Statistiker zur Abschätzung von Wahrscheinlichkeiten nutzen

Ungleichung, mit der man in komplizierten Fällen vergleichsweise leicht Ober- und Untergrenzen von Wahrscheinlichkeiten berechnen kann

Werkzeug, mit dem wenigstens eine ungefähre Abschätzung der Wahrscheinlichkeit von Messwerten möglich ist, deren Verteilung von mehreren Variablen abhängig ist, die auch untereinander abhängig sein können

Gefangenen-Dilemma

Dilemma, dessen logische Struktur häufig dem Verhalten rivalisierender Tiere zugrunde liegt

Geschichte, die ein Nash-Gleichgewicht illustriert

Dilemma, das für die Entwicklung der Spieltheorie von besonderer Bedeutung war

Dilemma, das die Crux des Konflikts zwischen Allgemeinwohl und Einzelinteresse im menschlichen Zusammenleben beschreibt:

„Zwei in Untersuchungshaft einsitzende Komplizen haben die Wahl, ob sie die Aussage verweigern oder auspacken; abgesprochen ist - dummerweise - nichts. Halten beide dicht, kann ihnen nicht viel nachgewiesen werden, und sie müssten nur ein Jahr abbrummen. Singt nur der eine, kommt er als Kronzeuge frei, sein Kollege wandert für elf Jahre hinter Gitter. Reden beide, verurteilt sie der Richter vermutlich zu je zehn Jahren. Nun überlegt sich jeder: Verrät mein Partner nichts, sitze ich ein Jahr, wenn auch ich schweige; ich komme aber frei, wenn ich plaudere. Legt der andere los, brumme ich elf Jahre, wenn ich stumm bleibe; mache ich den Mund auf, nur zehn. Aussagen ist daher die bessere Strategie. Nur - damit verschwinden beide für zehn Jahre hinter schwedische Gardinen."

Wolfgang Blum in „Die Logik des Paradoxen" (Zeit, 19.12.1997)

Geld

von jeglichem materiellen Substrat abgelöste Größe, die mathematisch betrachtet in funktionalem Zusammenhang alles zur abhängigen Größe verdammt

Gerhard Gentzen (1909-1945)

Mathematiker, der vor dem Zweiten Weltkrieg Grundlagenfragen klären wollte: Was kann man rechnen, was braucht man dafür?

Mathematiker, der wie Gödel den Beweis erbrachte, dass Widerspruchsfreiheit in der Arithmetik nicht beweisbar ist

Geometrie

Urmutter der Mathematik

Disziplin, die in der griechischen Mathematik mehr galt als die Arithmetik, weil sie den geometrischen, halbwegs anschaulichen Beweis ermöglichte

algebraische Geometrie

verallgemeinerte Geometrie, deren Gegenstände unanschaulich und deshalb nicht mehr in Zeichnungen konstruierbar sind, sondern als Mengen aus zahlenähnlichen Elementen quasi rechnerisch mit den Instrumenten der Algebra untersucht werden

von Bernhard Riemann vor 140 Jahren eröffnetes Gebiet, bei dem man mit Mannigfaltigkeiten zu tun hat (1992)

arithmetische Geometrie

Teilgebiet der Mathematik, in dem Probleme aus der Zahlentheorie so in eine geometrische Sprache umformuliert werden, dass Sätze aus der Geometrie und der Topologie auf zahlentheoretische Probleme angewendet werden können

Differentialgeometrie

Geometrie, in der mit Methoden der Analysis Kurven und Flächen in unterschiedlichen Räumen untersucht werden

Disziplin, in der das Denken lange Zeit der Anschauung weit vorauseilte, denn die komplizierten Gebilde, die man mit Formeln beschreiben konnte, ließen sich durch exakte Handzeichnungen oder Modelle nicht mehr darstellen

Riemannsche Differentialgeometrie

mathematisches Hilfsmittel für die axiomatische Darstellung der Mechanik von Heinrich Hertz, die mit nur drei Grundgrößen operierte: Raum, Zeit und Masse

Dürers Geometrie

Geometrie, die nicht klar zwischen näherungsweisen und exakten Konstruktionen unterscheidet

ebene Geometrie

Geometrie, bei der es um etwas sehr Einfaches geht: beliebige Dreiecke, bei denen die Summe der Innenwinkel immer 180 Grad beträgt

Euklidische Geometrie

scheinbar unumstößliche Parallelen-Geometrie

Geometrie, dessen Figuren in hinreichend starker Vergrößerung immer so glatt aussehen wie Geraden oder Ebenen

klassisch konstruktives Verfahren mit seiner Welt der Dreiecke und Kreise in der Ebene, das laut René Thom „einen natürlichen und möglicherweise unersetzlichen Übergang von der normalen Sprache zur formalisierten Sprache der Mathematik" darstellt

fraktale Geometrie

Zweig der Chaostheorie

mathematische Disziplin, die im Fraktal-Hype um 1980 entstand

Teilgebiet der Mathematik, das von geometrischen Gebilden handelt, die selbstähnlich sind

Gebiet der Mathematik, mit der sich Ordnungsprinzipien im Chaos zeigen lassen

klassische Geometrie

Geometrie, die mit Zirkel und Lineal betrieben wird

Riemannsche Geometrie

Geometrie, auf die die Allgemeine Relativitätstheorie zurückgreift

sanfte Geometrie

flaches Ansteigen des Meeresbodens in Richtung Strand, das zu einem meterhohen Aufbäumen von Wellen an der Küste führen kann

Geometrie der Träume

Übersetzung der Unwirklichkeit antiker Dramen in die abstrakte Ästhetik eines Bühnenbilds aus Quadraten und Rechtecken

Geometriehauer

Bildhauer, der eine Geometrie mit Beil und Spitzeisen, Hammer und Meißel betreibt

geometrische Grundformen

universelles Formenvokabular, bestehend aus Parallelogramm, Dreieck, Rechteck, Halbkreis, Quadrat

Wulf-Dieter Geyer (1939-2019)

Erlanger Algebraiker, der meint, an Wiles' Resultat sei das bedeutendste die strukturelle Einsicht in die Theorie der elliptischen Kurven, da dies die Zahlentheorie voranbringe

Gimps

Great Internet Mersenne Prime Search

Projekt, in dem rund 60.000 Freiwillige die ungenutzten Rechenkapazitäten ihrer Computer für die Suche nach neuen Mersenne-Primzahlen zur Verfügung stellen

E8-Gitter

Gitter, in dem jede Kugel von 240 benachbarten Kugeln berührt wird

kubisch flächenzentriertes Gitter

Anordnung, die sich ergibt, wenn man etwa Obst in Pyramidenform stapelt

Leech-Gitter

Gitter, in dem jede Kugel 196560 Nachbarn hat

teilspielperfektes Gleichgewicht

Konzept, das Reinhard Selten 1965 in die Spieltheorie einbrachte und in dem versucht wird, in mehreren Schritten zu einer Lösung zu kommen, in der kein Mitspieler mehr unglaubwürdige Drohungen aufrechterhalten kann

Gleichheitszeichen

grandiose Erfindung, die gleich setzt, was zunächst einmal ganz offenkundig unterschieden ist

quadratische Gleichung

Art Gleichung, deren Lösung seit alter Zeit bekannt war und sich im sechsten Buch der „Elemente" Euklids ausführlich beschrieben findet

Gleichung dritten Grades

Art Gleichung, deren Lösung Cardano 1545 zuerst publizierte

Gleichung, deren Lösung als explizite algebraische Funktion der Gleichungskoeffizienten angegeben werden kann

Gleichungslehre

Rechnen mit unbekannten Größen

Kurt Gödel (1906-1978)

Österreicher, der in den 30-er Jahren des 20. Jahrhunderts an die Grenzen der Logik stieß

Mathematiker, der 1931 seinen berühmten Unvollständigkeitssatz bewies

österreichischer Mathematiker, der mithilfe der Grundrechenarten beliebige formale Systeme und Rechenprozesse kodierte

Logiker mit der These, wonach es mathematische Aussagen gibt, die weder zu verifizieren noch zu widerlegen sind

Mathematiker, der einen Beweis dafür erbrachte, dass Widerspruchsfreiheit in der Arithmetik nicht beweisbar sei

Mathematiker, der 1931 zeigte, dass reichhaltige axiomatische Systeme wie die Arithmetik stets Aussagen enthalten, von denen sich aus den Axiomen und Regeln selbst nicht entscheiden lässt, ob sie wahr oder falsch sind

Mathematiker, der 1931 Schockwellen durch die akademische Gemeinschaft sandte, als er die fundamentalen Grenzen des Rechnens, der KI, der Logik und der Mathematik aufzeigte

Logiker, dessen Untersuchungen den Formalismus in eine Sackgasse geführt haben

Mathematiker, der den ontologischen Gottesbeweis des Anselm von Canterbury neu formulierte

Gödelscher Unvollständigkeitssatz

von Gödel bewiesene Tatsache, dass jedes widerspruchsfreie, axiomatisch genügend reich formalisierte System, in dem die Arithmetik ausgedrückt werden kann, unvollständig ist

Erkenntnis, dass jedes hinreichend mächtige formale System entweder widersprüchlich oder unvollständig ist

berühmter Satz, der aussagt, dass kein mathematisches System hinreichender Stärke seine eigene Widerspruchsfreiheit beweisen kann

Erkenntnis, dass jedes interessante System entweder Widersprüche produziert oder Aussagen enthält, die sich nicht beweisen lassen

Erkenntnis, die Hans Magnus Enzensberger wie folgt übersetzte: „Du kannst dein eigenes Gehirn mit deinem eigenen Gehirn erforschen, aber nicht ganz."

von Kurt Gödel bewiesene Behauptung, die das Hilbert-Programm zum Scheitern brachte und eine Erschütterung für die moderne Mathematik darstellte

mathematische Erkenntnis, über die Hilbert selbstredend verärgert war und auf menschlicher Ebene ganz unnötig fand

Beweis, dass jedes formale Schlusssystem Löcher hat:

„Das hat nicht nur zufällige, an Menschengrenzen gekettete, sondern sehr prinzipielle Gründe, die man (nicht nur) in Gödels Unvollständigkeitssätzen findet, welche zeigen, dass jedes formale Schlusssystem nur entweder vollständig oder widerspruchsfrei sein kann, also immer Löcher hat (Was in der mathematischen Alltagspraxis allerdings so wenig schrecklich ist wie der Umstand, dass man in die Folie mancher Mikrowellenmahlzeiten vor der Zubereitung Löcher stechen muss, damit die heiße Luft entweichen kann)."

Dietmar Dath in „Von Logik umgebracht oder gerettet" (FAZ, 16.5.2019)

Gödel geht

Erzählung, in welcher sich Gödel aus der bizarren Fauna eines Wiener Bohèmecafés durch ein Spiegelmanöver in eine jenseitige Sphäre erhebt: ein pfiffiges Exempel für die Beweisbarkeit der Nichtbeweisbarkeit gewisser wahrer Sätze

Kern und Herzstück des Buches „Gödel geht" mit Erzählungen des Oberösterreichers Andreas Findig

Christian Goldbach (1690-1764)

Mathematiker, der in einem Brief an Leonard Euler behauptet hatte, dass sich jede gerade Zahl größer als zwei als Summe zweier Primzahlen darstellen lasse

preußischer Gelehrter, der im 18. Jahrhundert am russischen Zarenhof und an der Russischen Akademie der Wissenschaften in Sankt Petersburg tätig war und am 7. Juni 1742 in einem Brief an Leonard Euler seine Vermutung formulierte

Goldbachsche Vermutung

Vermutung, die lautet, dass jede gerade Zahl, die größer ist als zwei, die Summe zweier Primzahlen ist

eine der bekanntesten Fragestellungen der Mathematik, die schon zu Hilberts Zeiten mehr als 150 Jahre alt war

Solomon W. Golomb (1932-2016)

Mathematiker von der University of Southern California, der sich in den 60-er Jahren des 20. Jahrhunderts fragte, ob auf einem 30-cm-Lineal wirklich alle 31 Markierungen notwendig sind, um 30 Längen zu messen (2008)

Martin Golubitsky (*1945)

Mathematiker von der University of Houston, der im Jahre 1985 gemeinsam mit Ian Stewart eine mathematische Theorie zur Klassifizierung der in Netzwerken möglichen Schwingungsmuster entwickelt hat (1994)

Mathematikprofessor in Houston, der mit seinen Arbeiten die beiden gegenüberstehenden Forschungsgebiete Chaos und Symmetrien verkörpert (1994)

The Good Will Hunting Principle

Von Gus van Sant in Szene gesetzter Film, bei dem es um die möglichst authentische Repräsentation der Welt der Mathematik geht und der die emotionale Dimension erfasst, die der Mathematik üblicherweise abgesprochen wird

Edwin J. Goodwin (1825-1902)

Hobby-Mathematiker aus dem Landkreis Posey County im Bundesstaat Indiana, der glaubte, die Quadratur des Kreises gefunden zu haben, und mithalf, 1897 einen Gesetzentwurf auf den Weg zu bringen, der den Wert von Pi auf 3,2 festsetzen wollte

Googol

eine Eins mit hundert Nullen:

„Kinder und Mathematiker spielen und entdecken gerne. Zum Beispiel große Zahlen. Ich habe zehn Modellautos, sagt der kleine Junge, und sein Freund antwortet: Ich habe zehn mal zehn! Daraufhin: Ich habe aber zehn mal zehn mal zehn! Und so geht es weiter, bis einer auf die Idee kommt: Hundert mal hundert! Also tausend mal tausend, Million mal Million – das ist schon eine Eins mit zwölf Nullen. Archimedes erfand die Zahl Vigintillion: eine Eins mit 120 Nullen. Der minderjährige Neffe des Mathematikers Edward Kastner ersann vor ungefähr siebzig Jahren die beinahe aristotelische Zahl Googol: eine Eins mit hundert Nullen."

Gero von Randow in „Zahlen sind ein Spiel" (Zeit, 14.10.2001)

Googolplex

eine Eins mit googol Nullen

Daniel Gorenstein (1923-1992)

Mathematiker von der Rutgers-Universität (USA), der angeblich der Einzige war, der den Beweis der Klassifikation endlicher Gruppen in voller Länge verstanden hat (1994)

William Timothy Gowers (*1963)

Mathematiker, als dessen wesentlicher Verdienst die Verbindung der beiden Gebiete Funktionalanalysis und Kombinatorik gilt

Dozent im englischen Cambridge, der 1998 die Fields-Medaille erhalten hat, nachdem er durch die Verbindung von Methoden der Funktionalanalysis und der Kombinatorik Vermutungen von Stefan Banach beweisen konnte (1998)

Mathematikdozent in Cambridge, dem es gelang, mithilfe ausgefeilter mathematischer Konstruktionen Vermutungen aus dem Schottischen Buch zu beweisen (1998)

Mathematiker und Autor des Büchleins „Mathematik", das als verständliche Einführung in die mathematische Gedankenwelt empfohlen wird (2011)

Graph

Netz von Knoten, die teilweise durch Kanten miteinander verbunden sind

Muster aus Punkten, die durch Linien verbunden sind

Gebilde aus Linien und Knoten

Marianne Grassmann

Professorin für Didaktik der Mathematik in Münster, die das Fazit zieht: „Kinder werden dazu erzogen, mit Zahlen zu rechnen, ohne deren Inhalt zu hinterfragen." (1999)

Jeremy Gray (*1947)

Professor für die Geschichte der Mathematik im englischen Warwick und Autor des Buchs „Henri Poincaré. A Scientific Biography" (2013)

Ben Green (*1977)

Mathematiker von der University of British Columbia, der gemeinsam mit Terence Tao die Hardy-sche Vermutung bewiesen hat (2004)

Peter Gritzmann (*1954)

Mathematiker und Mitherausgeber der Sammlung „Pi & Co" mathematischer Texte (2008)

Alexander Grothendieck (1928-2014)

großer Problem- und Selbst-auflöser

enigmatisches Mathematikgenie

Martin Grötschel (*1948)

Professor am Institut für Mathematik an der Universität Augsburg und Leibniz-Preisträger (1991)

Präsident der Deutschen Mathematiker-Vereinigung, der fordert, dass sich die Mathematik öffnen muss (1993)

Mathematikprofessor aus Berlin, der als Vorsitzender der Deutschen Mathematiker-Vereinigung die verstärkte Aufnahme auch von Industriemathematikern, Lehrern und Studenten förderte (1994)

Professor für angewandte Mathematik an der Technischen Universität Berlin und Vizepräsident des Konrad-Zuse-Zentrums für Informationstechnik (1995)

Experte für die kombinatorische Optimierung mit der Botschaft: „Wer heute die großen Verkehrsnetze und komplizierten Fabriken optimieren will, muss sich mit Mathematik beschäftigen, um unnötige Kosten zu vermeiden." (1997)

Mathematikprofessor und Organisationschef des International Congress of Mathematics (1998)

Vizepräsident des Konrad-Zuse-Zentrums, der sagt: „Die Mathematik ist eines der wenigen Gebiete, die noch immer einen Weltkongress haben." (1998)

Mathematikprofessor von der TU Berlin, der eine Ursache für das mathematische Desinteresse beim Nachwuchs darin sieht, dass „es keine optimale Darstellung der beruflichen Vielfalt eines Mathematikers in der Öffentlichkeit gibt." (1998)

Mathematiker und Vizepräsident des Konrad-Zuse-Instituts für Informationstechnik, der für die angewandte Mathematik fordert: „Wir sollten langsam anfangen, unser Know-how aktiv zu vermarkten." (1999)

Mathematiker, der deutlich macht, dass die angewandte Mathematik stets mehr leisten muss als nur die Umsetzung bekannter Rechenverfahren auf leistungsfähigen Computern, da die höhere Rechengeschwindigkeit oft nur dann genutzt werden kann, wenn neue Rechenverfahren entwickelt werden (2001)

Kollege von Günter M. Ziegler, der 1977 einen Rekord für die kürzeste Route eines Handlungsreisenden fand, indem er die optimale Lösung für 120 Städte berechnete (2013)

Professor vom Berliner Matheon, das Mathematik für Schlüsseltechnologien entwickelt (2013)

Mathematikprofessor und Präsident der Berlin-Brandenburgischen Akademie der Wissenschaften (2018)

Lov Grover (*1960)

Mathematiker, der 1996 einen Quantenalgorithmus für das effiziente Durchsuchen großer Datenbanken publizierte

Grundlagenkrise

außerordentlich produktive Phase der Mathematik am Anfang des 20. Jahrhunderts, in der Widersprüche in der Mengenlehre entdeckt und Streit über die Lösung von Problemen in der Grundlage der Mengenlehre aufkam, was in der Etablierung der Grundlagenforschung und der theoretischen Logik als neue Wissenschaftszweige mündete

Grundrechenarten

Gewissheiten:

„Die Staatssekretärin des Bundesinnenministeriums, Emily Haber, sagte am Montag, die Ungewissheiten, die durch die jüngsten Ereignisse wie Brexit oder die Wahl Trumps verstärkt worden seien, hätten eine Wirkung, als gälten die alten Grundrechenarten nicht mehr.'"

aus „Lammert kritisiert Trump scharf" (FAZ, 14.2.2017)

Helmut Grunsky (1904-1986)

Mathematiker, mit dem die Tradition der Funktionentheorie in Würzburg ihren Höhepunkt erreichte

Mathematiker, an dessen bedeutendsten Entdeckungen

die Grunskyschen Ungleichungen erinnern

Würzburger Professor, der jüdischen Mathematikern im Dritten Reich half

Würzburger Mathematikprofessor, der von 1930 bis 1939 in der Schriftleitung des Jahrbuchs über die Fortschritte der Mathematik tätig war und auf den seit 1933 zunehmend Druck ausgeübt wurde, keine jüdischen Mathematiker mehr als Berichterstatter einzusetzen, der aber standhaft blieb und es auch weiterhin verstand, die Referate jüdischer Mathematiker zu bringen

Gruppe

Menge, mit der man rechnen kann

Menge, deren Elemente sich in bestimmter Weise so miteinander verknüpfen lassen, dass als Resultat dieser Verknüpfung stets wieder ein Element herauskommt, wobei die Elemente überdies einer Reihe anderer Gesetzmäßigkeiten genügen müssen

Menge von Objekten, etwa der ganzen Zahlen, die für eine bestimmte Rechenoperation wie die Addition vier einfache Regeln erfüllt

mathematisches Objekt, das z. B. die Struktur von Kristallgittern, Zeichenreihen oder geometrischen Mustern beschreibt

algebraische Gruppe

besondere Klasse von Gruppen, deren Strukturen vor allem für die algebraische Geometrie von Bedeutung sind

einfache Gruppe

Gruppe, die ihren Namen völlig zu Unrecht trägt, denn sie ist verdammt komplizierter Natur

endliche Gruppe

Gruppe, die sich aus den einfachen Gruppen bauen lässt

einfache endliche Gruppe

Gruppe, die sich nicht in kleinere Gruppen zerlegen lässt

Atome unter den Gruppen

Klassifizierung der einfachen endlichen Gruppen

Theorem aus der Algebra, dessen Beweis eine Gemeinschaftsarbeit von mehr als 100 Wissenschaftlern ist

Satz, dessen Beweis 15.000 Seiten umfasst

Aufstellen einer vollständigen Liste der einfachen endlichen Gruppen, um die sich Mathematiker zwei Jahrhunderte bemühten

Galois-Gruppe

Gruppe gewisser Operationen an den Lösungen algebraischer Gleichungen

Gruppe, die verlässlich Auskunft gibt, ob sich eine algebraische Gleichung lösen lässt oder nicht

kontinuierliche Gruppe

Art unendlicher Gruppen wie die Gruppe der affinen Transformationen

Lie-Gruppe der einfachsten Art

Gruppe von Drehungen, die stetig und differenzierbar ist

Monstergruppe

sehr großes Objekt, das aus mehr Elementen besteht, als es Elementarteilchen im Universum gibt

die größte der sporadischen Gruppen, die aus genau 808 017 424 794 512 875 886 459 904 961 710 757 000 754 368 000 000 000 einzelnen Elementen besteht, die man sich als Drehungen in einem 196883-dimensionalen Raum vorstellen kann

sporadische Gruppe

eine Ausnahme endlicher einfacher Gruppen, die am schwierigsten zu klassifizieren war

Symmetriegruppe

Gruppe, die ein Konzept für die Unterscheidbarkeit von Wurzeln ist und über die Lösbarkeit einer Gleichung entscheidet

Gruppe, deren Komplexität die Lösbarkeit von Gleichungen vom Grad n größer als vier verhindert

Gruppe der Permutationen von n Buchstaben

Gruppentheorie

Theorie, die der Legende nach Evariste Galois in der Nacht vom 29. Mai 1832 formuliert haben soll, weil er sich am folgenden Tage einem Duell stellen musste

Theorie, ohne die Quantenmechaniker, Kristallographen und Nachrichtentechniker mit ziemlich leeren Händen dastünden

Theorie, mit deren Hilfe im Zweiten Weltkrieg einige Geheimcodes der Wehrmacht geknackt wurden

Norbert Gstrein (*1961)

Schriftsteller, der Mathematik in Innsbruck und Stanford (USA) studierte und eine Dissertation „Zur Logik der Fragen" schrieb

Dietmar Guderian

angewandter Mathematiker, der an der Pädagogischen Hochschule Freiburg die „Anwendung der Mathematik in der Kultur" für Lehramtsstudenten der Fächer Kunst und Mathematik unterrichtet (1998)

Edmund Gunter (1581-1626)

britischer Mathematiker, dessen Idee es war, für den Rechenschieber logarithmische Skalenteilungen zu nutzen, so dass man damit multiplizieren und dividieren konnte

Gunter-Skala

logarithmische Skalenteilung auf einem Lineal

Francis Guthrie (1831-1899)

englischer Mathematiker, der 1852 eine Karte der königlichen Grafschaften kolorieren wollte und sich dabei fragte, wie viele Farben mindestens nötig sind, eine beliebige Landkarte einzufärben

Richard Guy (1916-2020)

Mitautor des Buchs „Zahlenzauber" (1997)

Hilbert

Jacques Hadamard (1865-1963)

Mathematiker, der über die mathematische Sprache sagte: „Die formale Strenge dient dazu, die Eroberung der Intuition zu rechtfertigen."

Mathematiker, der hervorgehoben hat, dass aus der Auseinandersetzung mit der Physik oft die wirklich neuen mathematischen Begriffe hervorgehen: „nicht kurzlebige Neuprägungen, die doch nur diejenigen beeinflussen, die zu sehr in ihrer eigenen Gedankenwelt gefangen sind, sondern Begriffe von jener unendlich fruchtbaren Neuigkeit, die direkt aus den Dingen fließt."

Zaha Hadid (1950-2016)

Architektin, gebürtige Irakerin und studierte Mathematikerin, die für die architektonische Umsetzung ihrer fließenden Linien, die stets an die Grenzen des technisch Machbaren gingen, auf raffinierte Kalkulationen angewiesen war

Hans Hahn (1879-1934)

Mathematikprofessor in Wien, der gemeinsam mit dem Philosophen Moritz Schlick einen intellektuellen Zirkel gegründet hat, der später als Wiener Kreis weltbekannt wurde

Wolfgang Haken (*1928)

amerikanischer Mathematiker von der University Illinois, der mit seinem Kollegen Appel 1976 den Vierfarbensatz mit Computerhilfe bewies (1998)

Thomas Hales (*1958)

Mathematiker an der Universität in Ann Arbor im US-Bundesstaat Michigan, der 1999 ankündigte, dass er die Keplersche Vermutung bewiesen hat (1999)

Amerikaner, der im Jahr 1998 mit aufwändigen Computerberechnungen beweisen konnte, dass Obstverkäufer alles richtig machen, wenn sie Orangen oder Äpfel zu einer Pyramide stapeln

Mathematik-Professor von der Universität Michigan, der 1998 bewies, dass man Tischtennisbälle versetzt stapeln muss, um möglichst viele von ihnen in einen Schuhkarton zu bekommen (2001)

Mathematiker, der bewies, dass die Bienenwabenstruktur die effizienteste Unterteilung für eine Fläche gewährleistet, wenn man sie so in gleich große Teile aufteilen möchte, dass dabei so wenig wie möglich Zwischenwände verbraucht werden

Halteproblem

Frage, ob ein beliebiges Computerprogramm, wenn es einmal loslegt, je ein Ergebnis ausspucken wird

Frage, für die mathematisch bewiesen wurde, dass man ihre Antwort so allgemein nie wissen kann

Hamburger Mathematische Gesellschaft

älteste mathematische Gesellschaft der Welt

William Rowan Hamilton (1805-1865)

irischer Mathematiker, der sich des Problems des Handlungsreisenden angenommen hat

irischer Mathematiker, der 1853 sein Ikosaeder-Spiel erfand

Hamiltonsches-Pfad-Problem

Kernproblem jedes Spediteurs oder Handlungsreisenden, der eine Anzahl von Städten anfahren muss und in jedem Ort nur einmal vorbeikommen möchte

Hamming-Code

Code, der zwei sich widersprechende Eigenschaften unter einen Hut bringt: einerseits auf wenig Speicherplatz viele Daten zu fassen und andererseits fehlerkorrigierend zu sein

Code, der in Computernetzwerken und im Mobilfunk verwendet wird

Problem des Handlungsreisenden

Travelling-Salesman-Problem, Rundreise-Problem

Standardproblem der kombinatorischen Optimierung

Problem, das unter Experten auch weiterhin als nicht effizient lösbar gilt

mathematisches Problem, das unter Informatikern als unlösbar gilt, weil die Rechenzeit, die ein herkömmlicher Computer benötigt, zu schnell mit dem Umfang der Aufgabe wächst

Denksportaufgabe, bei der man die kürzeste Rundreise durch eine gegebene Menge von Städten finden muss

Suche nach der kürzesten Tour durch eine Menge von Städten, wobei jede Stadt genau einmal besucht und zum Ausgangspunkt zurückgekehrt werden muss

Aufgabe, die darin besteht, eine Rundreise durch eine Anzahl vorgegebener Städte zu planen, wobei je nach Aufgabenstellung eine Tour zu finden ist, die eine vorgegebene Gesamtlänge nicht überschreitet (Entscheidungsproblem), oder eine Tour zu finden, die kürzestmöglich ist (Optimierungsproblem)

Problem, bei dem ein Handlungsreisender beispielsweise in Berlin startet, eine Rundreise durch Deutschland macht, an den Ausgangspunkt zurückkehrt und sich vor der Tour entscheiden muss, ob er zuerst nach Leipzig und dann nach Dresden fährt:

„Ein Reisender soll nacheinander sieben Städte besuchen, die durch ein Netz von Straßen verbunden sind. Allerdings bestehen nicht zwischen allen Städten direkte Verbindungen. Erschwerend kommt hinzu, dass einige Straßen nur in einer Richtung befahrbar sind. Jede Reiseroute, die in einer Sackgasse endet oder eine der Städte mehrmals passiert, ist für den Reisenden unzulässig. Falls die Aufgabe lösbar ist, kann der Reisende, notfalls mit dem Computer, nach einigen Fehlversuchen den richtigen Weg ermitteln. Die eigentliche Komplexität der Aufgabe erschließt sich erst dann, wenn aus sieben Städten hundert oder mehr werden."

Christian Speicher in „Rechnen mit der Erbsubstanz" (FAZ, 4.1.1995)

Akira Haraguchi (*1946)

Japaner, der sich mehr als 100.000 Stellen von Pi eingeprägt hat (2022)

Sir Godfrey Harold Hardy (1877-1947)

bedeutender Zahlentheoretiker, der sich noch 1940 ganz sicher war, niemals eine anwendbare Einsicht formuliert zu haben

englischer Mathematiker, der 1940 behauptete: „Bisher hat noch niemand einen kriegerischen Nutzen der Zahlentheorie entdeckt."

großer Mathematiker aus England, der Ende des 19. Jahrhunderts erklärte: „Wenn Mathematik überhaupt eine Existenzberechtigung hat, dann nur als eine Kunst."

Zahlentheoretiker, dessen „Apologie eines Mathematikers" von 1940 den lapidaren Satz enthält: „In dieser Welt ist für hässliche Mathematik kein Platz."

englischer Zahlentheoretiker, der in seiner Autobiografie schreibt:

„Ich habe niemals irgendetwas Nützliches getan. Keine Entdeckung von mir wird ... auch nur im Geringsten das Verhalten der Welt beeinflussen. Ich habe andere Mathematiker ausgebildet, von derselben Art wie ich, und ihre Arbeit ... ist dann genauso unnütz wie meine eigene ... Aber ich habe etwas geschaffen, das wert war, geschaffen zu werden."

Godfrey Hardy zitiert von Bernhard Korte in „Niemals etwas Nützliches getan oder Die Liebe zur Sondermarke" (FAZ, 30.1.2001)

Hardysche Vermutung

mittlerweile bewiesene Vermutung, dass es auch arithmetische Folgen beliebiger Länge gibt, die nur aus Primzahlen bestehen

Thomas Hare (1806-1891)

britischer Jurist, der ein Rechenverfahren für die Zahl der Abgeordneten für die im Parlament vertretenen Parteien entwickelte, das der Mathematiker Horst Niemeyer in Deutschland einführte

Verfahren nach Hare/Niemeyer

Rechenverfahren zur Ermittlung der Zahl der Abgeordneten für die im Parlament vertretenen Parteien, das seit 1987 bei den Wahlen zum Deutschen Bundestag verwendet wird und meistens ein Ergebnis liefert, das dem Wählerwillen ziemlich nahekommt

Hash-Funktion

Funktion zum Komprimieren von z. B. Texten

Funktion, die eine Prüfsumme bildet

Joel Hass

Mathematiker der University of California in Davis, der gemeinsam mit Michael Hutchings und Roger Schlafly beweisen konnte, dass für zwei gleich große eingeschlossene Luftmengen die Doppelseifenblase tatsächlich die optimale Lösung ist (2000)

Felix Hausdorff (1868-1942)

einerseits einer der bedeutendsten Mathematiker der Moderne, andererseits ein Dichter und als Zugabe auch noch ein brillanter philosophischer Essayist

Hausdorff-Abstand

Ähnlichkeitskriterium, bei dem zwei Teilmengen eines metrischen Raums einen kleinen Abstand haben, wenn es zu jedem Element der einen Menge ein Element der anderen Menge gibt, das diesem nah ist

Stephen Hawking (1942-2018)

studierter Mathematiker und Astrophysiker, der als Koryphäe galt und gleichzeitig Popstar-Status genoss

Professor für Mathematik in Cambridge, der mit seinem Buch „A Brief History of Time" einen der originellsten Beiträge unserer Zeit über den Ursprung des Universums leistete und einen Bestseller schrieb (1996)

Johan Heiberg (1854-1928)

dänischer Historiker und Mathematiker, dem im Jahr 1906 eine bedeutende Entdeckung gelang, als er in der Bibliothek des griechisch-orthodoxen Klosters zum Heiligen Grab in Jerusalem die älteste überlieferte Schrift des Archimedes fand

Heiratsproblem

Problem, wie jeder Erdenbürger zu seinem Traumpartner kommt, oder wenigstens zu einem, der ihm gut gefällt

Problem, das David Gale und Lloyd Shapley wie folgt lösten:

„Erst unterstellten sie, jeder habe eine Wunschliste in petto, jede Frau eine Rangordnung der Männer und jeder Mann eine Rangordnung der Frauen. Dann verlobten Gale und Shapley den ersten Mann mit seiner Wunschkandidatin. Der zweite bekam ebenfalls seine Herzdame – es sei denn, diese war schon Nummer eins versprochen. War dies der Fall, durfte die Frau sich ihren zukünftigen Verlobten zwischen den beiden aussuchen. Und so geht es weiter: Jeder Mann klappert von oben nach unten seine Liste ab, bis er eine Frau findet, die entweder noch solo ist oder ihn lieber mag als ihren Verlobten. Wer verlassen wird, begibt sich nach der gleichen Vorschrift erneut auf Brautschau. Sind alle verlobt, wird kollektiv geheiratet. Diese Kuppelei führt zu einer stabilen Lösung: Jeder müsste sich eigentlich mit seinem Schicksal zufriedengeben. Denn es lassen sich kein Mann und keine Frau finden, die beide lieber miteinander als mit ihrem aktuellen Partner vor den Altar getreten wären."

Wolfgang Blum in „Kalkuliertes Eheglück" (Zeit, 20.12.2000)

Heron von Alexandria (10-70 n.Chr.)

Mathematiker, der bereits vor knapp 2000 Jahren einen Algorithmus zum Wurzelziehen genutzt hat, den auch der Prozessor des Taschenrechners ausführt, wenn man die Taste mit dem Wurzelzeichen drückt

Mathematiker, der im 1. Jahrhundert n. Chr. einen Verkaufsautomaten für Weihwasser erfunden haben soll

Reuben Hersh (1927-2020)

Mathematiker von der Universität in Albuquerque (New Mexico), der in seinen Büchern eine dezidiert antiplatonische Sichtweise vertritt (1998)

Mathematiker, für den die Mathematik weder in einer Ideenwelt noch in jemandes Kopf wohnt, sondern als Teil der Kultur zu sehen ist wie das Recht, die Religion und das Geld

Autor des Buchs „Was ist Mathematik wirklich?" („What is mathematics, really?") – eine Anspielung auf den Klassiker „Was ist Mathematik?" von Courant und Robbins

Ko-Autor des populär gewordenen Buchs „Erfahrung Mathematik"

Curt Herzstark (1902-1988)

Erfinder der weltberühmten Curta, die den Höhepunkt der mechanischen Rechenmaschinen darstellte, die ab dem Jahr 1948 serienmäßig in Liechtenstein hergestellt wurde und deren Zeichnungen im Konzentrationslager Buchenwald entstanden

Christian Hesse (*1960)

Professor für Mathematik an der Universität Stuttgart, Autor der Buchs „Warum Mathematik glücklich macht", Sachverständiger bei der Reform des deutschen Wahlrechts und begeisterter Schachspieler (2021)

Heuristik

Daumenregel

Suchverfahren, das keine perfekte, aber doch angemessene Lösung findet

Verfahren, das zwar oft, aber nicht immer eine Lösung in akzeptabler Rechenzeit liefert

Hexagon

Sechseck, das sich neben Dreiecken und Quadraten dazu eignet, eine Fläche lückenlos zu bedecken

geometrische Form, die Dreiecken und Quadraten dadurch überlegen ist, dass sie bei gleicher Seitenlänge den größten Flächeninhalt ausweist

Hans Werner Heymann (*1946)

Bielefelder Mathematikdidaktiker, in dessen Worten die Mathematik dazu tendiert, hinter ihren Anwendungen zu verschwinden, und zwar um so vollständiger, je fortgeschrittener ihre Anwendungen sind

Emil Hilb (1882-1929)

Mathematiker, der bereits mit 27 Jahren 1909 auf die außerordentliche Professur für Mathematik an der Uni Würzburg berufen wurde

Mathematiker, der wesentlich dazu beitrug, die Ideen David Hilberts im Bereich der Analysis zu kultivieren und zur Lösung tiefliegender Probleme einzusetzen

David Hilbert (1862-1943)

Leitfigur der Mathematiker Anfang des 20. Jahrhunderts

Generaldirektor der modernen Mathematik

Göttinger Mathematiker, der heute als die bedeutendste Persönlichkeit in den ersten Jahrzehnten der Deutschen Mathematiker-Vereinigung (DMV) gilt

Mathematikgenie, das groß, stattlich, beeindruckend und für Studenten unnahbar gewesen ist

Professor, der – bei einer Vorlesung ins Stocken gekommen – die Hörer gefragt haben soll: „Pardon, wie viel ist eigentlich 8 mal 7?"

der wohl einflussreichste Mathematiker des 20. Jahrhunderts, über den es genau eine Biografie gibt - vorgelegt 1970 von der Amerikanerin Constance Reid (2017)

Mathematiker, der die schöne Geschichte von dem Hotel mit unendlich vielen Zimmern in die Welt gesetzt hat

Mathematiker, der vor den Ungereimtheiten und Gedankenlosigkeiten gewarnt hat, die beim naiven Umgang mit dem Begriff Unendliches unterlaufen

Mathematiker, der in der Festschrift zur Enthüllung des Gauß-Weber-Denkmals 1899 seinen denkwürdigen Aufsatz „Die Grundlagen der Geometrie" veröffentlichte

Mathematiker aus Göttingen, der auf dem legendären Pariser Mathematiker-Kongress 1900 der Fachwelt eine Liste von ungelösten mathematischen Problemen vorgelegt hat, die er getreu seinem Motto „Wir müssen wissen, wir werden wissen" den Kollegen zur Abarbeitung übergab

Mathematiker, der an den Erkenntnissen und Grundlagen der Mathematik interessiert war und seine Einstellung so formulierte: „Da ist das Problem, suche die Lösung. Du kannst sie durch reines Denken finden; denn in der Mathematik gibt es kein Ignorabimus."

berühmter Mathematiker und Förderer von Emmy Noether

Mathematiker, der 1901 bewies, dass eine Fläche im dreidimensionalen Raum, die eine konstante negative Krümmung besitzt, nicht durch eine Gleichung beschreibbar ist

Göttinger Mathematiker, auf den die Grundzüge des Formalismus zurückgehen

weltweit führender deutscher Mathematiker und Hauptgegner von Brouwer

Göttinger Mathematiker, der 1928 auf dem International Congress of Mathematicians (ICM) in Bologna sagte: „Mathematiker kennen keine Rassen... für sie ist die ganze kulturelle Welt ein einziges Land!"

seinerzeit berühmter Mathematiker, der nach 1933 in Göttingen vereinsamte

einer der größten Mathematiker, der bei seinen Versuchen, allzuständige Systeme des Schließens zu schaffen und sie von der konkreten menschlichen Fehlbarkeit zu emanzipieren, scheiterte

Mathematiker, der im Jahr 1900 in seinem richtungsweisenden Artikel „Mathematical Problems" schrieb:

„Eine mathematische Theorie ist nicht eher als vollkommen anzusehen, als bis du sie so klar gemacht hast, dass du sie dem ersten Mann erklären kannst, den du auf der Straße triffst."

David Hilbert zitiert von Wolfgang Blum in „Chaos, Chips und Handlungsreisende" (SZ, 20.9.1990)

Hilbert-Hotel

Gedankenexperiment, in dem David Hilbert ein Hotel mit endlich vielen Zimmern führt, in dem alle Zimmer belegt sind, aber dennoch ein Neuankömmling untergebracht werden kann, wenn alle Gäste um ein Zimmer weiterrücken

vollständig belegtes Hotel, das noch beliebig viele weitere Gäste beherbergen kann, weil die abzählbare Menge der natürlichen Zahlen unendlich ist

Hotel mit unendlich vielen Zimmern:

„David Hilbert, ein Kollege Hausdorffs, hat die schöne Geschichte von dem Hotel mit unendlich vielen Zimmern in die Welt gesetzt, in dem eines Abends alle Räume belegt sind, als ein neuer Gast auftaucht. Wenn alle bereits Untergebrachten ein Zimmer weiter ziehen, wird zunächst nur ein Zimmer frei, das erste, wenn sie aber nach dem Muster ‚der Mensch aus Zimmer 1 zieht in Zimmer 2, der aus Zimmer 2 in Zimmer 4, der aus Zimmer 3 in Zimmer 6 und so fort‘ verfahren, dann stehen auf einem Schlag sogar unendlich viele Zimmer zur Verfügung.“

Dietmar Dath in „Drei Leben, ein Kopf" (FAZ, 25.6.2018)

Hilberts Liste

Liste von 23 Aufgaben, die Hilbert auf dem mathematischen Weltkongress 1900 in Paris vorstellte und die die Entwicklung der Mathematik im 20. Jahrhundert nachhaltig prägen sollte

Probleme, von denen mittlerweile die meisten (teilweise) gelöst sind

Zweites Hilbertsches Problem

die Suche nach Widerspruchsfreiheit der Arithmetik, deren Vergeblichkeit Gödel 1931 bewies

Zehntes Hilbertsches Problem

Problem, bei dem es um die endliche Entscheidbarkeit der Lösbarkeit diophantischer Gleichungen geht

mittlerweile bewiesene Behauptung, dass man nie vorab die Lösbarkeit oder Unlösbarkeit aller diophantischen Gleichungen bestimmen können wird

Problem, das 1970 von Jurij Matjasewitsch endgültig entschieden wurde

Hilbert-Programm

wissenschaftliches Programm David Hilberts, um der Mathematik ein axiomatisches Fundament zu geben

Wissenschaftsprogramm mit dem Ziel, die Widerspruchsfreiheit der Mathematik zu beweisen

Programm, das versuchte, alle Teilbereiche der Mathematik der Reihe nach als widerspruchsfrei zu erweisen

wissenschaftliches Programm, das sich als fähig erwies, die von Gödel und später Gentzen erbrachten Beweise, dass Widerspruchsfreiheit in der Arithmetik nicht beweisbar sei, in den Betrieb Mathematik zu integrieren

Hilbertsche Spektraltheorie

Theorie innerhalb der Funktionalanalysis, die wesentlich zur Entwicklung der Quantentheorie beigetragen hat

Hilbert-Raum

zentrale Struktur des Theoriegebäudes, das Hilbert aus rein mathematischem Interesse entwickelt hat

Stefan Hildebrand (1936-2015)

seit 1970 Professor für Mathematik an der Universität Bonn, der einen wichtigen Beitrag zum Plateau-Problem geleistet hat (1994)

Mathematiker, der zeigte, dass die Minimalflächen die gleichen Eigenschaften bezüglich ihrer Differenzierbarkeit wie die sie begrenzenden Jordan-Kurven besitzen

Theodore Hill (*1943)

Mathematiker vom Georgia Institute of Technology, der herausfand, dass Benfords Gesetz gewissermaßen die Mutter aller Verteilungshäufigkeiten ist

Ulrich Hirsch (1943-2005)

Mitherausgeber des Buchs „Management by Mathematics. Erfahrungen und Erfolge von Executives und Politikern"

Mathematiker, der Hochschullehrer war, bevor er das Glück in der Wirtschaft mit einer eigenen Unternehmensberatung suchte

Hippasos von Metapont (6./5. Jh. v. Chr.)

Pythagoreer, der die irrationalen Zahlen entdeckt hat und über den kolportiert wird, dass er dafür von seinen Kollegen ermordet worden ist

Friedrich Hirzebruch (1927-2012)

der wohl angesehenste deutsche Mathematiker aus der ersten Zeit nach dem Zweiten Weltkrieg

Mathematiker, dessen eigene mathematische Karriere im Alter von 20 Jahren mit der Entdeckung sogenannter Hirzebruch-Flächen begann

Mathematiker, der im Alleingang die Fundamente für eine eigene deutsche Forschungsanstalt für Mathematik legte, bis diese in den 80-er Jahren des 20. Jahrhunderts endgültig etabliert war

in den Orden Pour le Merite für Wissenschaften und Künste gewählter Ordinarius an der Universität Bonn und Direktor des Max-Planck-Instituts für Mathematik (1992)

Mentor und Präsident des Ersten Europäischen Kongresses für Mathematik (1992)

siebenfacher Doktor und Mitglied von sechzehn wissenschaftlichen Akademien (1992)

Mathematiker und ehemaliger Direktor des Max-Planck-Instituts in Bonn, ohne den das Institut gar nicht existieren würde (2001).

Hausherr im gelben Gebäude aus dem 18. Jahrhundert, in dem sich unten die Post befindet und darüber das Institut residiert, wo er seine Gäste pünktlich in Empfang nimmt und in sein geräumiges Büro geleitet (2001):

„Er trägt ein Tweetjackett, helle Jeans und schwarze Reebok-Turnschuhe, wirkt sehr sanft, umgänglich, wohl sortiert und etwas trocken. Mit fester Stimme und rheinländischer Sprachmelodie bittet er uns, Platz zu nehmen, erzählt uns mit sehr präzisen Sätzen und entsprechender Rücksicht von der Gründungsgeschichte des Instituts und dessen Arbeitsschwerpunkten."

Gabriele Göttle in „Apodiktische Gütigkeit" (taz, 29.10.2001)

Hirzebruch-Fläche

Entdeckung, mit der Hirzebruchs Karriere begann und die ihm einen zweijährigen Forschungsaufenthalt in den USA am Institute for Advanced Study in Princeton einbrachte

Wu-Yi Hisiang (*1937)

Mathematiker von der University of California in Berkeley, der im Jahr 1990 eine als Sensation gefeierte, mehr als 100 Seiten lange Arbeit mit einem Beweis zur Keplerschen Vermutung vorlegte, der allerdings erst Ende 1993, nachdem zahlreiche offensichtliche Fehler beseitigt wurden, vom renommierten International Journal of Mathematics zur Veröffentlichung angenommen wurde, sich aber 1995 Stimmen von Fachleuten häuften, die auch den revidierten Beweis nicht anerkannten (1995)

Thomas Hobbes (1588-1679)

Mathematiker und Staatstheoretiker, der polemisierte:

„Wenn es den Interessen der Herrschenden widersprochen hätte, dass die drei Winkel eines Dreiecks zwei Winkel eines Rechtecks gleich sind, wäre diese Lehre zweifellos durch die Verbrennung aller Geometriebücher unterdrückt worden."

entlehnt von Bert Brechts „Leben des Galileo" von Mike Mlynar in „Die Drei aus dem All" (ND, 8./9.1.2022)

Hochtechnologie

im Wesentlichen mathematische Technologie:

„'Zu wenige Menschen erkennen, dass die heutzutage so gefeierte ‚Hochtechnologie' im Wesentlichen mathematische Technologie ist', betonte der amerikanische Chemiker Edward E. David Jr. schon 1984. Gerade in der Fertigungs-, Umwelt- und Verkehrstechnik trägt die Mathematik heute mit neuen wissenschaftlichen Methoden dazu bei, komplexe Probleme zu lösen, und wird daher auch von wirtschaftlichen Gesichtspunkten her wichtig."

Bettina Heimsoeth über den berühmten David-Report in „Ökonomisch arbeiten mit Mathematik" (SZ, 7.5.1992)

Hodge-Vermutung

Vermutung an der Schnittstelle von Algebra, Geometrie und Topologie, bei der es darum geht, ob sich komplexe geometrische Gebilde immer mit einfachen Gleichungen beschreiben lassen

Ludwig Hofmann (1890-1979)

Mathematiker, bei dem sich Hermann Broch in den 20-er Jahren des 20. Jahrhunderts in Privatsitzungen in Mengenlehre und Geometrie weiterbildete

Herman Hollerith (1860-1929)

deutschstämmiger Entwickler einer Lochkartenanlage für die erste amerikanische Volkszählung im Jahr 1890

Tatsuo Homma

japanischer Mathematiker, der 1952 zu demselben Ergebnis wie Tamas Keleti kam, der Anfang 1993 in den Proceedings of the American Society den mathematischen Beweis dafür veröffentlichte, dass beim Bergsteigerproblem das synchronisierte Bergsteigen lediglich aufgrund der Ebenen, nicht aber durch unendlich viele Berge und Täler unmöglich ist

Homo Mathematicus

scheues Geschöpf, das bis dato abgeschottet zwischen Integralen und Homöomorphismen hauste und sich bisher kaum gegen das Image des weltfremden Spinners wehrte, doch jetzt langsam aus seinem Biotop kriecht, getrieben von Nahrungsmangel, sprich: Stellenstreichungen (1997)

Homotopie

Verformung, Streckung oder anderweitige Umwandlung eines Dings in ein anderes ohne Riss, Loch oder Sprung

Homotopietypentheorie

Theorie, die von Leuten entwickelt wurde und wird, die
sicherstellen wollen, dass die
zunehmend computergestützte
mathematische Praxis, z. B. beim
Erstellen von Beweisen, sowohl
maschinenkompatibel als auch
für Menschen nachvollziehbar
funktioniert

Victor d'Hondt (1841-1901)

belgischer Jurist, der 1882
ein eigenes Rechenverfahren
propagiert hat, um die Zahl der
Abgeordneten für die im Parlament vertretenen Parteien aus
den Wahlergebnissen zu ermitteln

d'Hondtsches Rechenverfahren

Rechenverfahren zur Ermittlung
der Zahl von Abgeordneten für
die im Parlament vertretenen
Parteien, das bei den ersten zehn
Wahlen zum Deutschen Bundestag zum Einsatz kam, aber 1987
abgelöst wurde, da es systematisch kleinere Parteien benachteiligt

Grace Hopper (1906-1992)

studierte Mathematikerin und
Vorzeigefrau der Pionierphase
der Computer, die als erste Frau
in der US Navy Admiralin wurde

June Huh (*1983)

Fields-Preisträger von der
Princeton University (2022)

Mathematiker, der mit seinen
Mitarbeitern die geometrische
Kombinatorik transformiert hat

Fields-Preisträger, der in Kalifornien geboren wurde sowie in
Südkorea aufwuchs und sich, da
er in der Schule schlecht in Mathematik war, dem Geschichten-
schreiben zuwandte und der erst
in seinen Mitzwanzigern, als er
sich an der Seoul National University zum Wissenschaftsjourna-
listen ausbilden lassen wollte,
dank einer Zufallsbekanntschaft
mit Heisuke Hironaka die Mathematik entdeckte

mathematisches Humankapital

Menschen mit mathematischer
Kompetenz

Daniel Huson (*1960)

Bielefelder Mathematiker, der
zusammen mit Olaf Delgado das
Computerprogramm RepTiles
erstellt hat, mit dem sich prinzipiell alle periodischen Pflasterungen der Ebene erzeugen lassen
(1993)

Mathematiker, der alle 1270 Fälle von Pflasterungen aus zwei
Kachelsorten aufgezählt hat

Edmund Husserl (1859-1938)
Philosoph der Arithmetik

Michael Hutschings
Mathematiker von der Stanford University, der gemeinsam mit Joel Hass und Roger Schlafly 1995 einen ersten Erfolg bei der Lösung des Doppel-Blasen-Problems erzielte und später mit Frank Morgan, Manuel Ritoré und Antonio Ros bewies, dass die Doppelseifenblase auch für zwei unterschiedlich große Luftmengen immer die geringste Hautfläche hat (2000)

Hypathia (ca. 355-415 n. Chr.)
Tochter des Gelehrten Theon, die sich der Mathematik gewidmet hat und deshalb von einem aufgebrachten Mob im Jahr 415 n. Chr. gesteinigt wurde

zusammenfaltbares Hyperboloid
etwas, das sich aus Bündeln starrer Schaschlikstäbchen und Haargummis basteln lässt

Hyperbolische Fläche
negativ gekrümmte Geometrie, die von der bekannten euklidischen abweicht und beispielsweise in der Allgemeinen Relativitätstheorie relevant ist

Isokaeder

i
imaginäre Einheit

Lösung der Gleichung $x^2+1=0$

nichtreelle Zahl mit der Eigenschaft $i^2=-1$

Zahl, ohne die der Mathematik die komplexen Zahlen fehlen würden

Indextheorie
eine Art Indexsystem, mit dem sich vorhersagen lässt, wie viele Lösungen eine Differentialgleichung haben kann, ohne die Lösungen genau kennen zu müssen

Karl Indlekofer (*1943)
Mathematiker von der Universität Paderborn, an den ein Primzahlzwillingsrekord mit 11713 Dezimalstellen ging (1995)

Induktion
gebräuchliche Beweismethode

Begriff, unter dem Mathematiker etwas sehr viel Technischeres verstehen als die Wissenschaftsphilosophie

induktiv
in einem Vorgehen, das die mathematische Realität weitgehend beliebig aufzählt

mathematische Industrie

Industriezweige wie Auto- und Telekommunikationsindustrie, Banken und Versicherungen, die die Kompetenzen und Virtuosität in Mathematik und Naturwissenschaften brauchen

statistische Inferenz

nichts anderes als die durch eine Statistik abgeleitete Annahme, dass es bei der nächsten dunklen Wolke auch regnen wird

Infinitesimalrechnung

Ableiten und Integrieren

Theorie, die die Differential- und Integralrechnung miteinander verbindet und beispielsweise krummlinig begrenzte Flächen zu berechnen ermöglicht

Theoretische Informatik

Disziplin, zu dessen Zentralbegriffen der Algorithmus gehört

Informationstheorie

Theorie, die als weltbewegender Umbruch gefeiert wurde

algorithmische Informationstheorie

Theorie, die von Gregory Chaitin während der 60-er Jahre des 20. Jahrhunderts im Teenageralter entwickelt wurde

Beispiel einer Komplexitätstheorie

inkommensurabel

nicht in einem ganzzahligen Verhältnis zueinander stehend

Institut für Techno- und Wirtschaftsmathematik (ITWM)

Mathematik-Institut in Kaiserslautern, das von der Fraunhofer-Gesellschaft übernommen wurde (2001)

Institute of Advanced Study Princeton

mathematischer Göttergral

Instrumentum Architecturae

Proportionalzirkel, der von Baumeister Balthasar Neumann erfunden wurde und gestattet, die Maße wichtiger Säulentypen zu bestimmen

Integralrechnung

Methode, die das Flächeninhaltsproblem löst

Integraph

kompliziertes Instrument, mit dem man zu einer Funktion ihre Integralfunktion bestimmen kann

Integration

Vorgang, bei dem man mit der Zerlegung einer Fläche in Streifen arbeitet, deren Breite gegen null geht

Integrieren

Verfahren, das dem Differenzieren entgegengesetzt ist

Verfahren, mit dem man das Differenzieren wieder rückgängig machen kann

International Congress of Mathematicians (ICM)

weltweit größte mathematische Tagung, die ihre Bedeutung durch die Verleihung der Fields-Medaillen erhält

zentrales Ereignis für die Mathematiker in aller Welt, das im August 1998 zum ersten Mal nach 94 Jahren wieder in Deutschland stattfand

Intuitionismus

mathematische Schule des Niederländers Luitzen Egbertus Jan Brouwer, die alle Beweise ablehnte, die nur zeigen, dass es irgendwelche Größen geben muss, sie aber nicht benennen

Vorstellung, nach der ein Mathematiker die 2, die 3, die 4 und alle Mathematik in seinem Kopf erschafft

Intuitionist

Mathematiker, der die Mathematik für das geistige Geschöpf eines anonymen Mathematikers hält

Isokaeder

platonischer Körper aus 20 Dreiecken

Isokaeder-Spiel

von Hamilton erfundenes Spiel, bei dem mit Steinen auf den Knoten eines drei-regulären Graphs eine Teiltour definiert wird und gefragt wird, ob sich diese Teiltour z. B. zu einer Rundreise durch alle Knoten ergänzen lässt

isomorph

strukturell identisch

Isomorphieproblem

Problem, bei dem es darum geht zu beurteilen, ob zwei Graphen, die auf den ersten Blick keine Ähnlichkeit zu haben brauchen, strukturell identisch sind

Isomorphismus

besonders bedeutsamer Morphismus und Abbild einer Sache auf eine andere im Verhältnis eins zu eins

ix-quadrat

Mitmach-Mathematik-Ausstellung am Zentrum Mathematik der TUM Garching, die Jürgen Richter-Gebert 2002 konzipiert hat und leitet (2021)

Jordan-Kurve

Jagd auf Nachkommastellen

Wettbewerb von Mathematikern, immer mehr Nachkommastellen von Pi zu berechnen, vergleichbar mit dem Antrieb von Sportlern, die danach trachten, eine gewisse Rekordmarke immer wieder aufs Neue zu übertreffen

Arthur Jaffe (*1937)

Mathematiker von der Harvard University, der vor spekulativer Mathematik warnt (1993)

Mathematiker von der Harvard University, der 1984 in einem Bericht der Amerikanischen Mathematischen Gesellschaft schrieb (2000):

„Man kann sagen, dass wir im Zeitalter der Mathematik leben. Unsere Kultur ist mathematisiert. Nichts zeigt das deutlicher als der uns überall umgebende Computer."

Arthur Jaffe zitiert von Eberhard Zeidler in „Herausforderung des Geistes" (SZ, 8.8.2000)

Jeanette Janssen

Mathematikerin von der Lehigh University im US-Staat Pennsylvania, die 1992 beweisen konnte, dass n mal n Felder immer ein partielles lateinisches Quadrat ergeben, wenn für jedes Feld n plus eins Symbole zur Auswahl stehen (1994)

Antal Járai

ungarischer Mathematiker, der 2005 gemeinsam mit vier Kollegen einen neuen Weltrekord mit Primzahlzwillingen aufstellte, die den bisherigen Weltrekord um 689 Ziffern vergrößerte

Zoltán Járai

ungarischer Mathematiker, der zusammen mit vier Kollegen 2005 mit den damals größten Primzahlzwillingen einen neuen Weltrekord aufstellte

Frazer Jarvis

Mathematiker von der University of Sheffield (England), der Bertram Felgenhauer half, die genaue Anzahl von Sudokus zu berechnen

Tao Jiang

Mathematiker von der kanadischen Universität in Hamilton, der mit Paul Vitanyi und Ming Li ein Verfahren zur Überführung angeblicher Zufallsreihen gefunden hat (2000)

Martin L. Johnes

Mathematiker vom College of Charleston in Charleston/South Carolina, der gemeinsam mit Reginald Koo versucht hat, eine Antwort auf die Frage zu finden, wie viel Erfolg man pro Spiel im Spielkasino haben darf, damit dieser nicht plötzlich in einen Misserfolg umschlägt, wenn das Spielkasino nach einer längeren Erfolgsserie den Spieler sperrt (2001)

Katherine Johnson (1918-2020)

schwarze Mathematikerin, die seit Beginn des amerikanischen Raumfahrtzeitalters, in einer Zeit praktizierter Rassentrennung, Berechnungen für die amerikanische Raumfahrtbehörde Nasa anstellte

David Johnson (1945-2016)

Amerikaner, der 1979 gemeinsam mit Garey bewies, dass das Problem des Handlungsreisenden zu den bösartigen Problemen gehört

Jordan-Kurve

Typ Kurve, die Mathematiker – statt von Drahtschleifen auszugehen – bei Untersuchungen zu Minimalflächen verwenden

Gaston Julia (1893-1978)

französischer Mathematiker, nach dem die Julia-Menge benannt ist

Daniel Jung (*1981)

Deutscher, der Mathe-Nachhilfe für Schüler und Studenten auf der Video-Plattform YouTube anbietet

Hartmut Jürgens (1955-2017)

Mitautor der Bücher „Bausteine des Chaos – Fraktale" und „Chaos – Bausteine der Ordnung"

Kalkül

Mathematisches Kabinett

Abteilung im Deutschen Museum in München, die man im dritten Stock, hinter der Geodäsie (Vermessungskunde), Informatik und Mikroelektronik in Form von zwei kleineren Räumen findet, in denen die Grundlage für all das vorher Gesehene verdeutlicht wird (1999)

Theodore Kaczynski (*1942)

ehemaliger Mathematiker, dem der Mord an drei Menschen und schwere Körperverletzung in 23 weiteren Fällen zur Last gelegt wird

Kalkül

kalte Berechnung

Koalitionskalkül

politische Logik aus Bremsen, Rechnen und Durchsetzen zwischen Regierungspartnern

Lambda-Kalkül

Symbolsprache, die Alonzo Church und Stephen Cole Kleene vor hundert Jahren entwickelten und bei der es um die Klärung komplexer Grundlagenfragen im Exakten geht

ungetypter Lambda-Kalkül

Untyped Lambda Calculus

universelle Sprache, welche die Grundlage der einflussreichen Programmiersprache LISP bildet

Plankalkül

erste höhere Programmiersprache

Kalkulationismus

naiver Glaube an die Berechenbarkeit der Welt

Rudolf Kalman (1930-2016)

Mathematiker von der ETH Zürich, der in einer gemeinsamen Arbeit mit Steve Pincus feststellte, dass die Ziffern von Pi in der Tat recht unregelmäßig sind (1997)

Yasumasa Kanada (1949-2020)

Japanischer Mathematiker an der Universität Tokyo, der zusammen mit Daisuke Takahashi die Zahl Pi auf 3,22 Milliarden Dezimalstellen genau berechnet hat (1995)

Mathematiker von der Universität Tokyo, der die Rekordmarke für die Berechnung von Pi auf sechs Milliarden Dezimalstellen verbessert hat (1996)

Mathematiker, der 1983 mit zehn Millionen Dezimalstellen von Pi hinter dem Komma erstmals in die Rekordbücher einzog

kultureller Kanon der Mathematik

Mathematik, die in unseren Bibliotheken aufbewahrt wird

Kante

Linie eines Graphen, Pfade, Pfeile

Robert Kaplan (*1933)

Mathematikprofessor an der Harvard Universität und Autor des Buchs „Die Geschichte der Null" (2000)

Harvard-Professor, der junge Leute für das Jonglieren mit Zahlen und Formeln begeistert (2000)

Professor für Mathematik an der Harvard University, der in seinem Heimatort Cambridge in Massachusetts einen Math Circle betreibt (2000)

Kartenmischproblem

Frage, wie man zumindest theoretisch mit wenig Aufwand eine gute Durchmischung von Spielkarten erreichen kann

Edward Kasner (1878-1955)

Mathematiker, dessen Neffe um 1930 die Zahl Googol ersann

János Kasza

ungarischer Mathematiker, der 2005 gemeinsam mit vier Kollegen mit der Entdeckung von Primzahlzwillingen mit jeweils 51779 Ziffern einen neuen Weltrekord aufstellte

Katastrophentheorie

mathematische Disziplin, die von René Thom erfunden wurde

Theorie, bei der es um die Frage geht, wie im Chaos der Welt Ordnung entsteht

die systematische Untersuchung der Frage, wie die qualitative Natur der Lösung von Gleichungen von den Parametern abhängt, die in diesen Gleichungen auftauchen

Theorie, zu der eine ganze Reihe spezieller mathematischer Betrachtungs- und Vorhersagetechniken gehören, die etwa die Topologie dynamisch machen oder das Studium von Nichtgleichgewichts-Phasenübergängen erlauben

eine Art Vorläuferin oder Konkurrentin der hollywood-notorischen Chaostheorie:

„Eine allgemeine Formenlehre der Natur und des Wachstums sei damit intendiert gewesen, ein konstruktives Prinzip aller Dinge, die irgendwie, irgendwo, irgendwann aus dem Gleichgewicht geraten können und dann Muster im Sand, zusätzliche Gliedmaßen bei Fröschen, Lautverschiebungen in Weltsprachen oder Börsenturbulenzen verursachen."

Dietmar Dath in „Ob Sonne oder Regen, er war gewiß dagegen" (FAZ, 9.11.2002)

Kategorientheorie

Theorie, die unter anderem lehrt, mathematische Gegenstände seien mit ihren relationalen Verwendungsweisen zu identifizieren und Verfahrensweisen, die ein Objekt in ein anderes wandeln, wichtiger als diese Objekte selbst

Katenoid

kleinstmögliche Verbindungsfläche zwischen zwei im Raum befindlichen Kreisen

Fläche, die keine zylindrisch gleichförmige Röhre darstellt, sondern sich zur Mitte hin verschlankt

Struktur, die Euler 1744 erstmals beschrieb

Theorie der Kegelschnitte

von Kepler entdeckte Theorie

Theorie, die zur Berechnung der Planetenbahnen gebraucht worden ist

Tamas Keleti

ungarischer Student, der ausgerechnet bei einem Beweis zum Bergsteigerproblem die Erfahrung machen musste, dass ein anderer Mathematiker das Theorem schon längst bezwungen hat (1993)

Mathematiker, der beweisen konnte, dass beim Beweis des Bergsteigerproblems grundsätzlich nur die Ebenen Schwierigkeiten bereiten, unendlich viele Gipfel aber nicht

Kelvin-Problem

Frage von William Kelvin aus dem 19. Jahrhundert, wie man den Raum so in gleiche Volumina teilen könne, dass deren Oberflächen minimal seien

Johannes Kepler (1571-1630)

aus Deutschland stammender Mathematiker, der viele Jahre seines Lebens in Linz und Graz verbrachte

kaiserlicher Mathematiker am Prager Hof von Rudolf II.

berühmter Hofmathematiker, dem es vor 400 Jahren gelang, seine Mutter vor dem Scheiterhaufen zu retten

Wissenschaftler, der Astrologie als Brotberuf betrieben hat, um Mathematiker sein zu können

großer Mathematiker, der 1611 die erste Monografie über Schneeflockenbildung verfasste

Astronom und Astrologe, der sich fragte, warum Schneekristalle sechseckig sind, und zu der verblüffenden Erklärung kam, dass womöglich kleinste kugelförmige Bestandteile besonders platzsparend zu einem sechseckigen Muster gepackt werden

Astronom, der 1611 vermutet hatte, dass man Kugeln nicht dichter stapeln kann als in Pyramiden

Astronom, der 1611 berechnete, dass sich 74 Prozent eines Raumes ausfüllen lassen, wenn der Orangenhändler das Obst in Pyramidenform übereinander stapelt

neben Kopernikus und Galilei einer der Begründer der modernen Naturwissenschaft

Vordenker der Newtonschen Gravitationstheorie, der Instrumente wie das Kepler-Fernrohr und Techniken wie das Rechnen mit Logarithmen erfand

einer der maßgeblichen Begründer der modernen Naturwissenschaften, der durch die nach ihm benannten Gesetze berühmt wurde, mit denen er erstmals beschrieb, wie sich Planeten um die Sonne bewegen

Bub, der Pfarrer werden sollte und ein Mathematiker wurde

Meister der Ellipsen

Keplersche Vermutung

Stapelproblem in Keplers Schneetraktat

Vermutung, wie dicht sich Kugeln packen lassen

Behauptung von Kepler, dass man Kugeln nicht platzsparender aufeinanderschichten kann als bei den kunstvoll aufgetürmten Orangen-Pyramiden auf dem Wochenmarkt

Vermutung, die besagt, dass Kugeln, die den ganzen Raum ausfüllen, nicht dichter gepackt sein können als bei einer Anordnung, die in der Kristallografie als kubisch flächenzentriertes Gitter bekannt ist

Problem, das 389 Jahre offenblieb und damit länger als die Fermatsche Vermutung

Kern

Eigenschaft bestimmter Graphen, die mit den lateinischen Quadraten teilweise kombinatorisch verwandt sind

Teilmenge von Feldern auf dem Quadratgitter eines lateinischen Quadrats, die zu einem Symbol gehören, aber zu unterschiedlichen Zeilen und Spalten

Ina Kersten (*1946)

zum 1. Januar 1995 neue Vorsitzende der Deutschen Mathematiker-Vereinigung, womit erstmals in der über 100-jährigen Geschichte der Organisation eine Frau an der Spitze steht

Mathematikprofessorin an der Uni Münster und Präsidentin der Deutschen Mathematikervereinigung, die für die abstrakten Ideen ihrer Wissenschaft lebt und Algebra und speziell die Theorie der algebraischen Gruppen als Fachgebiet hat (1995):

„Darüber zu sprechen, macht ihr sichtlich Freude. Weniger dem Zuhörer, der große Mühe hat, ihr zu folgen. Ziemlich verblasste Erinnerungen aus meiner lang zurückliegenden Studienzeit bewahren mich vor einem abrupten Absturz von dem grandiosen Höhenflug. Doch zunehmend quält mich die Frage, wie ich ihr schonend beibringen kann, dass ich von diesem Privatissimo so gut wie nichts weitergeben kann.“

Thomas von Randow in „Ästhetik der Algebra" (Zeit, 20.1.1995)

C. G. Khatri (1931-1989)

Mathematiker, der gemeinsam mit Zbyněk Šidák eine spezielle Lösung der Gaußschen Korrelationsungleichung vorgelegt hat, die in den späten 60-er Jahren weitreichende Anwendung in der Wahrscheinlichkeitsrechnung und Statistik fand

Jerry P. King (1935-2020)

US-amerikanischer Mathematiker und Autor des Buches „The Art of Mathematics"

Klasse

Haufen, der nicht exakt eine Menge ist

Klassenzahl-Problem

eines der schwierigsten Rätsel der Zahlentheorie, das 1801 von Gauß formuliert wurde und nach langwierigen Vorarbeiten 1983 von Zagier und Gross endgültig bewiesen werden konnte

Klassifikationstheorem

Theorem, bei dem es darum ging, die unendliche Vielfalt der einfachen Gruppen zu ordnen

Stephen Cole Kleene (1909-1994)

Pionier der theoretischen Informatik

Mitentwickler des Lambda-Kalküls

Felix Klein (1849-1925)

Mathematiker, dem große Leistungen auf dem Gebiet der Geometrie, der Mathematik-Anwendung sowie deren Lehre zugeschrieben werden

führender Geometer und Gründer der Deutschen Mathematiker-Vereinigung

Göttinger Mathematiker, der sein Konzept der internationalen wissenschaftlichen Netzwerke über die Grenzen Deutschlands hinaus entwickelt und damit den Göttinger Forschungshorizont erweitert hatte

Mathematiker, dessen Motto lautete: „Mathematik für alle."

mathematisches Klima

Atmosphäre wie im Mathe-Unterricht an der Schule

Knickformel

Eulers Formel zur Steifigkeit eines elastischen Stabes, ohne die sich keine Brücke bauen ließe

Konrad Knopp (1882-1957)

Mathematiker, der in seiner Tübinger Antrittsrede von 1927 triumphierend erklären konnte, die Mathematik sei „die Grundlage aller Erkenntnis und die Trägerin aller höheren Kultur"

Mathematiker, der, wie man annehmen muss, in der Fabelwelt der Mathematik mit der gleichen Leidenschaft eindrang wie Schliemann in den Sandberg über Troja:

„Aber das Terrain, warnt Knopp, sei unwegsam wie ein hohes Gebirge: ‚Die Zugänge sind steil und steinig; das stachelige Dornengestrüpp der Formeln und Zeichen hindern den Weg.' Und das ist nicht alles, was Knopp für denjenigen an Entmutigung bereithält, der das Neuland zu betreten versucht. Hilfe, hat er uns verkündet, werde niemandem zuteil, denn auch denjenigen, die schon lange darin sind, ist es versagt, den Nachkommenden den Weg zu erleichtern.'"

Peter Sartorius in „Ein Winkel voller mathematischer Größen" (SZ, 4./5.4.1996)

Knoten (1)

etwas, mit dem sich nicht nur Segler und Zauberer beschäftigen, sondern auch Mathematiker

mathematisches Objekt, das zur Topologie gehört

Knoten, den man sich wie einen Segelknoten vorstellen darf, nur dass die Seil-Enden miteinander verbunden sind

Knoten (2)

Punkt eines Graphen

Knotenproblem

Frage, welche Knoten sich ohne Durchschneiden des Seils ineinander überführen lassen oder gar auflösbar sind

Knotentheorie

Untersuchung von Knoten in Seilen, deren Enden zusammengefügt sind

Theorie, die in den 20-er und 30-er Jahren des 20. Jahrhunderts ein hochgezüchteter Zweig der algebraischen Topologie war, der sich mit Entwirrungs-Invarianten beschäftigte

Theorie, die zur reinen Mathematik gehört, auch wenn Knotenstrukturen auch in der Genetik, der Kosmologie und der statistischen Mechanik existieren

Knotentheorie des Strickens

Suche nach den mathematischen Grundlagen des Strickens mithilfe der Knotentheorie

Teilgebiet einer Geometrie und Topologie weicher Materialien

Kobordismus

Theorie, die sich mit Problemen der Beziehungen und des Aneinander-Angrenzens kompakter, offener Quasi-Flächen bzw. Mannigfaltigkeiten beschäftigt

Kodierungstheorie

Wissenschaft komplizierter Systeme der Fehlerkontrolle

Informationsübermittlung mit automatischer Fehlerkorrektur, etwa bei der Bildübertragung von Planetensonden

Theorie, auf der jede Datenübermittlung und -speicherung, sei es im Computer, CD-Spieler oder Handy, beruht

irreguläre Koeffizienten

Begriff zur Beschreibung von stochastischen Differentialgleichungen, die sich aus irgendeinem Grund nicht brav verhalten

Andrej Nikolajewitsch Kolmogorow (1903-1987)

russischer Mathematiker, der 1931 eine Gleichung der Wahrscheinlichkeitstheorie publizierte

russischer Mathematiker, der die Wahrscheinlichkeitstheorie auf ein Fundament komplizierter mengentheoretischer Konstruktionen baute

Russe, der in den 60-er Jahren des 20. Jahrhunderts mit einer speziellen Komplexitätstheorie einen Ausweg für die Beschreibung von Zufallsreihen fand

mathematische Kompetenz

Mutter aller Intangible Assets:

„Gibt es eine Top-Ressource, die man selbst bei bester Kapitalausstattung nicht kaufen kann, weil sie einfach nicht vermehrbar ist? Es geht um mathematische Kompetenz. Sie ist die Mutter aller ‚Intangible Assets'. Die müssen mit steigenden Geburtszahlen keineswegs zunehmen; denn man kann nicht einfach lernen, gut in Mathematik zu sein. Investitionen in mathematisches Humankapital können sogar einen Nullertrag bringen."

Gunnar Heinsohn in „Migranten, Roboter und Mathe-Asse" (FAZ, 1.10.2018)

Kombinatorik

Zweig der Mathematik, in dem es um die möglichen Anordnungen der Elemente einer endlichen Menge geht

Zweig der Mathematik, in dem die verschiedenen Möglichkeiten der Anordnung von mathematischen Gegenständen untersucht werden

mathematische Disziplin, die sich die Frage stellt, wie viele verschiedene Möglichkeiten es gibt, eine Tischgesellschaft zu platzieren

kombinatorisch

auf Anzahlen bezogen

geometrische Kombinatorik

Teilgebiet der Mathematik, das sich mir der kombinatorischen Struktur von geometrischen Objekten befasst

Komplexität von Algorithmen

Rechenaufwand, der zur Ausführung eines Algorithmus betrieben werden muss

Zeit, die ein Apparat braucht, um eine gesuchte Größe zu finden

Kolmogorow-Komplexität

quantitatives Verhältnis eines Werts zu seiner Beschreibung

Größe für das kürzeste Computerprogramm, das in der jeweils ausgewählten Programmiersprache erforderlich ist, um ein Ding zu berechnen

nicht-kommutativ

Eigenschaft einer Multiplikation, bei der das Produkt ab ungleich ba ist

Komplexitätsforschung

Untersuchung der Frage, wie schwierig eine mathematische Aufgabe ist, das heißt, in wie vielen Rechenschritten eine Lösung gefunden werden kann

Teilgebiet der Informatik, bei dem Probleme wie das Problem des Handlungsreisenden auf ihre effiziente Berechnung untersucht werden

Disziplin, in der neue Beweisverfahren entwickelt werden, die es ermöglichen sollen, die allgemeine Vermutung zu bestätigen, dass kein schnelleres Verfahren zur Lösung von NP-vollständigen Problemen existiert

Königsberger Brückenproblem

Frage, ob man auf einer Rundwanderung im alten Königsberg über dessen sieben Pregel Brücken so marschieren kann, dass man jede Brücke nur ein Mal benutzt

irrationale Konstante

z. B. Eulersche Zahl, natürlicher Logarithmus aus 2, Quadratwurzel aus 2, Goldener Schnitt

Konstruktivisten

Anhänger der konstruktiven Mathematik

kontinuierliche Größe

Größe, die man wie Mehl und Wasser in beliebiger Stückelung erhalten kann

Maxim Kontsevich (*1964)

russischer Mathematiker, der für seine Arbeiten zum Knotenproblem 1998 mit 34 Jahren mit der Fields-Medaille ausgezeichnet wurde

Mathematiker, der einen Weg gefunden hat, auf dem sich für die meisten Knoten entscheiden lässt, ob zwei beliebig vorgegebene Knoten nur durch Drehung und Verbiegung ineinander überführt werden können – also ohne die Schnur zu zerschneiden und wieder zusammenzukleben

Mathematiker, der in seinen Arbeiten die reine Mathematik und die theoretische Physik miteinander verbunden hat

Mathematiker, der unter anderem die Äquivalenz mehrerer Modelle zur Quantengravitation nachwies, die die Theorie der Schwerkraft mit der Quantenmechanik zu einen sucht

Mathematiker, der mit 26 Jahren die Gleichheit zweier Modelle der Quantengravitation beweisen konnte

in Russland geborener Mathematiker, der am Institut des Hautes Etudes Scientifiques (I. H. E. S.) in Paris lehrt (1998)

Reginald Koo

Mathematiker von der University of South Carolina in Aiken, der gemeinsam mit Martin L. Jones ein mathematisches Modell von typischen Spielsituationen im Kasino konstruiert hat, aus dem hervorgeht, dass kurzfristig der beste Spieler gewinnt, aber auf Dauer immer der mittelmäßige (2001)

kartesisches Koordinatensystem

Koordinatensystem, das René Descartes im 16. Jahrhundert entwickelte, indem er die Null in die Mitte der Zahlengeraden platzierte

Karl Günter Körber

Mathematiker, Philosoph und Autor des Buches „Das Märchen vom Apfelmännchen"

archimedischer Körper

Körper, der aus platonischen Körpern durch Abschneiden von Spitzen entsteht

Verallgemeinerung der platonischen Körper, bei der als Seitenflächen mehrere Arten von regelmäßigen Vielecken zugelassen sind, aber die Ecken alle gleich aussehen müssen

13 Körper, die die ganzen wunderbaren Eigenschaften der platonischen Körper nicht mehr ganz haben und unterschiedliche regelmäßige Vielecke haben dürfen

z. B. die alten Fußbälle, die aus Fünf- und Sechsecken zusammengenäht sind

platonischer Körper

räumliches Gebilde, dessen Oberflächen sich aus nur einer Sorte regelmäßiger Vielecke zusammensetzt und von dessen Art es nur fünf gibt

Tetraeder, Würfel, Oktaeder, Dodekaeder und Ikosaeder

Körper, der besonders schön ist, weil alle Seitenflächen und Ecken gleich aussehen

Zahlkörper
abstraktes methodisches
Instrument

Korrelation
etwas, das man mit einer kausalen Beziehung verwechseln kann

bloße Korrelation
Korrelation, der keine Kausalität zugrunde liegt:

„Dazu kommt die allgemein bekannte Tatsache, dass künstliche Intelligenz nicht zwischen Kausalität und bloßer Korrelation unterscheiden kann. So sind beispielsweise beim Menschen im Mittel Körpergröße und die Größe des Wortschatzes korreliert, doch das Lernen von Wörtern führt nicht dazu, dass man größer wird."

Sibylle Anderl in „Siri, warum bist Du nicht so schlau wie wir?"
(FAZ, 29.3.2018)

Bernhard Korte (*1938)
Leiter des Instituts für diskrete Mathematik und Operations Research der Bonner Universität, das sich weltweit einen ungeheuren Ruf in der Anwendung diskreter Mathematik erwarb (1992)

Mathematikprofessor, der sich als Chip-Designer einen weit über die Grenzen Deutschlands hinausragenden Ruf erwarb

Leiter des Bonner Instituts für diskrete Mathematiker, das seit 1987 mit IBM kooperiert (2004)

Sofja Kowalewskaja (1850-1891)
Pionierin der Mathematik, die als erste Frau an der Universität Heidelberg studierte, dort als erste Mathematikerin einen Doktortitel erlangte und als erste Frau eine Professur auf Lebenszeit an der Universität Stockholm erhielt

Mathematikerin, die wie Emmy Noether mit den frauenfeindlichen Strukturen an deutschen Universitäten zu kämpfen hatte

Dame aus St. Petersburg, die nicht nur als Mathematikerin, sondern auch als Schriftstellerin zu Ruhm gekommen ist

russische Mathematikerin, die einem Gerücht zufolge Einfluss auf die Verfügung Alfred Nobels hatte, dass es einen Nobelpreis für Mathematik nicht gibt

Mathematikerin, die bemerkt hatte, dass sie Mathematik nur berühren müsse und schon vergesse sie alles auf der Welt

Hamiltonscher Kreis
Rundreise durch alle Knoten in einem Graphen

Teufelskreis
Kreis von sich immer verstärkenden negativen Situationen

Wiener Kreis
weltbekannter intellektueller Zirkel aus Mathematikern und Philosophen im Wien der 20-er Jahre des 20. Jahrhunderts

Kreisquadrierer

vielfach pathologische Möchtegernmathematiker, die die Quadratur des Kreises gelöst haben wollen

Problem des lügenden Kreters

Dilemma, bei dem ein Kreter sagt, dass alle Kreter lügen

Leopold Kronecker (1823-1891)

Berliner Mathematiker, der vor allem dadurch bekannt wurde, dass er die Mathematik allein auf Grundlage der natürlichen Zahlen entwickeln wollte

Mathematiker, von dem der Satz stammt: „Die ganzen Zahlen hat der liebe Gott gemacht, alles andere ist Menschenwerk."

Kryptoanalytiker

Gegenspieler der Kryptographen, die den codierten Texten ihre Botschaft wieder entreißen möchten

Kryptograph

Mensch, der sich mit der Verschlüsselung befasst

Kryptographie

Kunst der Verschlüsselung

Wissenschaft, bei der bis zum Beginn des 20. Jahrhunderts nicht die Mathematiker, sondern die Sprachwissenschaftler die erste Geige gespielt haben

mathematisches Gebiet, das auf neuen Ergebnissen der Zahlentheorie aufbaut

Public-Key-Kryptographie

Standardverschlüsselung im Internet

sichere Datenverschlüsselung mittels gespaltener Schlüssel

Verschlüsselungsverfahren, das einen risikoreichen Schlüsselaustausch vermeidet

Verschlüsselungsverfahren, bei dem der Geheimcode aus zwei Teilen besteht, einem öffentlichen Schlüssel – einer Zahl, mit der verschlüsselt wird – und einem Teil, den man zum Decodieren benutzt und der nur dem Empfänger bekannt sein darf

asymmetrisches Verschlüsselungsverfahren, bei dem der öffentliche Schlüssel wie in einem Telefonbuch bekanntgegeben werden kann, da jeder diesen allgemein bekannten Schlüssel benutzen kann, um für einen bestimmten Empfänger geheime Nachrichten zu chiffrieren, und weil er nicht dazu taugt, um die mit ihm verschlüsselten Nachrichten wieder zu dechiffrieren, was allein mit dem privaten Schlüssel geht, den nur der Empfänger weiß

die Kunst, in aller Öffentlichkeit zu bereden, was kein Außenstehender erfahren soll

die Kunst, öffentlich geheime Süppchen zu kochen

Quantenkryptographie

Verschlüsselungssystem, das die Physik der kleinsten Teilchen nutzt und absolute Sicherheit verspricht

Kryptographie, die nicht das Verfahren der Verschlüsselung verbessert, sondern dafür sorgt, dass niemand unbemerkt die Übermittlung einer Information abhören kann

Verschlüsselungsmethode, deren entscheidender Vorteil ein vorher vereinbarter Geheimcode ist, den man nicht abhören kann

Kryptologie

Lehre vom Chiffrieren und Dechiffrieren geheimer Botschaften

Geheimwissenschaft, Codierungskunst

Kugel

regelmäßige und geschlossene, ideale Form

geometrischer Körper, der so symmetrisch und damit schön ist wie sonst nichts

Satz von der gekämmten Kugel

Erkenntnis, dass man eine überall behaarte Kugel nicht so kämmen kann, dass die Haare völlig flach liegen und es keine Unstetigkeit wie einen Wirbel oder Scheitel gibt

Kugelfrage

Frage, welcher Körper bei einem bestimmten Volumen die kleinste Oberfläche besitzt

Kugelpackung

Stapelung von Kugeln

Kugelhaufen, z. B. Orangen-Pyramiden auf dem Wochenmarkt

Problem der Kugelpackung

Suche nach der dichtesten Packung identischer Kugeln

Frage, wie man Kugeln möglichst raumsparend aufeinanderstapeln kann

Thema, das bereits Johannes Kepler beschäftigte

Keplersche Kugelpackung

dichtester Aufbau eines Kugelstapels

Kugelstapel, bei dem man für die erste Schicht an zwei nebeneinanderliegenden Apfelsinen eine dritte so anlegt, dass sie die beiden anderen berührt und dies mit den nächsten Früchten so fortsetzt, dass diese ebenfalls Kontakt zu jeweils zwei bereits daliegenden bekommt, und die zweite Schicht dann genauso aussieht, wobei die Orangen dabei von selbst in die Lücken der unteren Lage rutschen; so fügt sich Schicht für Schicht

Tetraeder-Kugelpackung

Kugelstapel, bei dem man auf drei Kugeln eine vierte obenauf setzt, so dass ihre Mittelpunkte eine Pyramide bilden, deren Grundfläche und Seite gleichseitige Dreiecke sind

Eduard Kummer (1810-1893)

Mathematiker, der die idealen Zahlen entdeckt hat

Mathematiker, dem der Nachweis der Fermatschen Vermutung für Hochzahlen bis 100 gelang

Berliner Zahlentheoretiker, der im 19. Jahrhundert einen großen Fortschritt bei der Lösung der Fermatschen Vermutung erzielte, da er erstmals Aussagen über allgemeine Exponenten verifizieren konnte

Kurve

mathematisches oder nicht-mathematisches Ding, das unschuldig sein rundliches Auf und Ab zeichnet

Ding, das im Jahr 2020 nicht mehr Gegenstand von Algebra und Analysis, sondern von Virologie und Infektiologie wurde

in keinem Punkt differenzierbare Kurve

eine durchgezogene Linie, die an keiner Stelle glatt ist

Kurvendiskussion

Stein, der auf dem Bildungsweg im Weg liegt

Streit mit dem Lehrkörper, ob es sich beim Gekrakel an der Tafel um einen Hoch-, Tief-, Wende-, Sattel- oder Flachpunkt handelt

Diskussion über Chancen verschiedener Boliden beim Rennkurs in Monaco, der durch die Straßenschluchten der Stadt führt und nicht viele Geraden hat

Debatte zu Schönheitsidealen, in der nach dem Erfolg von Curvy Models die üblichen Normen für Models in Frage gestellt werden

Diskussion einer Schauspielerin mit ihrer Tochter um die Frage, ob die Mutter, die bereits nackt in einer Zeitschrift abgebildet war, dort noch einmal ihre Kurven zeigen sollte

Diskussion der Entwicklung der Corona-Inzidenzwerte im zweiten Jahr der Pandemie

Leibniz

Joseph-Louis Lagrange (1736-1813)

Franzose, der sich schon um 1770 die Frage gestellt hat, wie viele Glieder eine arithmetische Primzahlfolge haben kann

mathematischer Laie

Mensch, für den sich die hoch abstrakte moderne Mathematik jenseits seiner Wahrnehmungsgrenze hinter verschlossenen Türen und in verschlossenen Köpfen vollzieht

Edmund Landau (1877-1938)

Göttinger Professor, der aus der Universität gedrängt wurde und der, als er im Wintersemester 1933 noch einmal versuchte, Lehrveranstaltungen abzuhalten, von einem Studentenboykott daran gehindert wurde

deutscher Zahlentheoretiker und Zeitgenosse von Hardy, der die damals noch junge, aber ausgezeichnete angewandte Mathematik in Göttingen als „Schmierölmathematik" bezeichnete

Robert Langlands (*1936)

Mathematiker, der 1967 vorhergesagt hatte, dass es zwischen der arithmetischen Geometrie und der harmonischen Analysis Verbindungen geben müsse, über die man die Probleme aus dem einen Gebiet möglicherweise in dem anderen Gebiet lösen kann

Langlands Programm

Formulierungen von hypothetischen Verbindungen zwischen der arithmetischen Geometrie und der harmonischen Analysis, die in Teilen bereits bewiesen wurden

Laplace-Transformierte

Transformierte, die im Gegensatz zu einer Fourier-Transformierten reell ist

Michaël Launay (*1984)

französischer Mathematiker und Autor des Buchs „Der große Roman der Mathematik", der die Mathematik schmerzfrei vermitteln kann und den YouTube-Kanal „Micmath" mit 300.000 Abonnenten hat (2018)

Adrien-Marie Legendre (1752-1833)

Wissenschaftler und Mathematiker, der eine Reihe grundlegend neuer Formeln für Pi aufstellen konnte

französischer Mathematiker, der sich Ende des 18. Jahrhunderts mit elliptischen Integralen beschäftigt hat

Gottfried Wilhelm Leibniz (1646-1716)

Philosoph, Erfinder, Mathematiker, Reisender, der als der große universale Denker seiner Zeit galt

bedeutender Mathematiker, Rechtsgelehrter, Physiker und Techniker, politischer Schriftsteller, Geschichts- und Sprachforscher

Mathematiker, der etwa gleichzeitig wie Isaac Newton die Differential- und Integralrechnung entwickelt hat

Mathematiker, der Überlegungen zu einer universellen Symbolsprache angestellt hat

einer der größten Mathematiker, der bei seinen Versuchen, allzuständige Systeme des Schließens zu schaffen und sie von der konkreten menschlichen Fehlbarkeit zu emanzipieren, gescheitert ist

Vordenker, der dem Computer und der Informationstechnologie den Weg bereitete

bedeutender Erfinder einer mechanischen Rechenmaschine

Gelehrter, der die Gründung der Akademie der Wissenschaften in Berlin anregte und im Jahr 1700 deren Präsident wurde

Gründer der Berlin-Brandenburgischen Akademie der Wissenschaften, der einmal sagte: „Beim Erwachen hatte ich schon so viele Einfälle, dass der Tag nicht ausreichte, um sie niederzuschreiben."

Timo Leuders

Fachdidaktiker, der wissen will, was Schüler beim Rechnen denken, um den Matheunterricht für Kinder und Jugendliche interessanter zu machen

Mathematik- und Didaktikprofessor an der Pädagogischen Hochschule in Freiburg (2016)

Leonid Levin (*1948)

Theoretiker, der in den 1970-er Jahren zusammen mit Stephen Cook die Frage formuliert hat, ob die Probleme in P und NP identisch sind

Hans Lewy (1904-1988)

Mathematiker, der im Jahre 1951 zeigte, dass die Minimalflächen das Prädikat analytisch besitzen, wenn die begrenzende Kurve ebenfalls analytisch ist

Ming Li

Mathematiker von der kanadischen Universität in Waterloo, der mit Paul Vitanyi und Tao Jiang ein Verfahren zur Überführung angeblicher Zufallsreihen gefunden hat (2000)

Sophus Lie (1842-1899)

norwegischer Mathematiker, der als Erster die Symmetrie-Eigenschaften von dreidimensionalen Objekten studierte
norwegischer Mathematiker, der aus rein mathematischen Überlegungen heraus Methoden entwickelt hat, die der Physiker Murray Gell-Mann 1963 nutzte, um die Hypothese aufzustellen, dass ein Proton nicht elementar, sondern aus drei anderen Teilchen aufgebaut ist, die er Quarks nannte

Ferdinand von Lindemann (1852-1939)

Mathematiker, der 1882 die Transzendenz von Pi bewies

Lindemannscher Satz

Beweis, dass die Quadratur des Kreises mit Lineal und Zirkel nicht möglich ist

Lineal

Leiste, auf der die Segmente, die mit den Ziffern Eins bis Neun beginnen, gleich lang sind

Golomb-Lineal

Lineal, das weniger Markierungen als gewöhnliche Lineale hat, bei dem diese Markierungen aber so verteilt sind, dass alle Messmöglichkeiten zu verschiedenen Längen führen
nicht nur eine mathematische Kuriosität, sondern auch Hilfsmittel, das beispielsweise bei der Verteilung von Rundfunkbändern und beim Aufstellen von Antennengruppen in der Radioastronomie oder in der Geodäsie eine wichtige Rolle spielt

optimales Golomb-Lineal n-ter Ordnung

kürzestmögliches Golomb-Lineal mit n Markierungen, bei dem die Abstände zwischen allen Markierungspaaren verschieden sein müssen

perfektes Golomb-Lineal

Golomb-Lineal mit n Markierungen, mit dem man alle ganzzahligen Längen von einem Zentimeter bis zu $n*(n-1)/2$ Zentimeter messen kann

linear

weniger stark steigend als exponentiell

lineare Darstellung

Darstellung, in der die Zahlen der Neuinfektionen von Exponentialkurven in gewohnter Gestalt angenähert werden

lineare Methodik

Methodik traditioneller Lehrbücher, die ohne Infokästen und avantgardistische Erzähltechnik auszukommen glauben

lineares Programm

Struktur, die bei fast allen Fragen nach optimalen Mischverhältnissen, bei Güterflüssen in einer Fabrik und auch bei Stundenplänen auftaucht:

„Bildlich gesprochen besteht das Problem – in seiner einfachsten Form – aus einem Vieleck in der Ebene und einer Geraden, die durch das Vieleck verläuft. Nun verschiebt man die Gerade nach rechts. Ziel ist es, den letzten Punkt des Vielecks zu bestimmen, den die Gerade bei diesem Verschiebe-Prozess gerade noch berührt. Hier liegt die kostengünstigste Lösung des Optimierungsproblems. Das Vieleck bei den Bus-Umlaufplänen ist sehr viel komplexer, man sollte es sich eher als einen verwinkelten Kristall mit mehreren Billionen Ecken und Kanten vorstellen."

Vasco Schmidt in „Auf Sparkurs zum Ziel" (Rheinischer Merkur, 26.9.1997)

nichtlinear

äußerst empfindlich von den Ausgangsbedingungen abhängig

Pierre-Louis Lions (*1956)

Franzose und Preisträger der Fields-Medaille

Mathematiker, der für seine Arbeiten zu nichtlinearen partiellen Differentialgleichungen gewürdigt wurde

nicht nur Akademiker, sondern auch geschäftstüchtiger Forscher, der eine erfolgreiche Beratungsfirma leitet, die Lösungsverfahren in Form von Computerprogrammen vertreibt (1994)

ausgerechnete Literatur

Verwendung mathematischer Metaphorik in Erzählungen und Romanen, z. B. bei Robert Musil

John Littlewood (1885-1977)

Kollege von Godfrey Harold Hardy, der zusammen mit Hardy im Jahr 1923 vermutete, dass es keine Obergrenze für die Zahl der Glieder einer arithmetischen Primzahlfolge gibt

Nikolai Iwanowitsch Lobatschewski (1792-1856)

Mathematiker, der entdeckt hat, dass die euklidische Geometrie nicht alternativlos ist

Martin Löbbing

Mathematiker an der Universität Dortmund, der gemeinsam mit Ingo Wegener die exakte Zahl verschiedener Springerkreise bestimmt hat (1996)

logarithmische Darstellung

Darstellung, in der exponentielles Wachstum dort zu erkennen ist, wo die Datenpunkte auf einer Geraden liegen

Darstellung, bei der man die Daten so aufträgt, dass die y-Achse das exponentielle Wachstum automatisch ausgleicht

Integral-Logarithmus

sehr gute Annäherung für die Anzahl der Primzahlen, die kleiner oder gleich einer beliebigen Zahl x sind

natürlicher Logarithmus

Logarithmus mit der Basis e=2,71828...

Zehnerlogarithmus

Briggscher Logarithmus

Logarithmus mit der Basis 10, z. B. der von 1 ist 0, der von 10 ist 1, der von 100 ist 2 usw.

Logarithmentafel

Zahlentabelle, die im 19. Jahrhundert zur Multiplikation, zur Division oder zum Potenzieren benutzt wurde

Logik

Lehre von Richtig und Falsch

mathematische Disziplin, in der Besteck wie „und", „oder", „nicht"... verwendet wird

Sonderbereich des Denkens und Urteilens, den man nur ohne ideologische Scheuklappen ernsthaft betreiben kann

Fuzzy-Logik

Logik, mit der sich vage Begriffe und unscharfe Aussagen mathematisieren lassen

Logik, in der neben den Wahrheitswerten wahr und falsch auch alle Nuancen, die dazwischen liegen, modelliert werden können, was mit den zwischen Null und Eins liegenden reellen Zahlenwerten geschieht

Theorie der unscharfen Mengen

unscharfe Logik, krause Logik

Logik, die vom Elektroingenieur Lofti Zadeh entwickelt wurde

Logik, die heute in vielen technischen Geräten steckt

klassische Logik

Logik, die nur zwei Wahrheitswerte kennt, wahr und falsch

Logik, die nur zwei Werte – 0 und 1 – kennt

zweiwertige Logik, Schwarz-Weiß-Logik

nichtklassische Logik

mehrwertige Logik

Logik, die mit mehr als zwei Wahrheitswerten operiert

mathematische Logik

Teilbereich der Mathematik, der sich damit beschäftigt, Aussagen und Konzepte als Symbole darzustellen und durch bestimmte Transformationen Schlussfolgerungen daraus zu ziehen

Meilenstein in der Geschichte der Logik, da ihre Sprache, anders als die der traditionellen Logik, in der Lage ist, mathematische Beweise lückenlos darzustellen

Milchmädchen-Logik

Logik, die nach dem Motto funktioniert: Schlage ich das Lenkrad genug ein, dann schaffe ich es so gerade in die Parklücke

modale Logik

Logik, die Modi wie Notwendigkeit oder Möglichkeit untersucht

strenge Logik

Logik, die Eleganz besitzt

Logizismus

von Bertrand Russell dirigierte Schule, die die damals junge Entwicklung formaler Systeme der Logik durch Menschen wie Gottlob Frege und Giuseppe Peano nutzen wollte, um Mathematik auf die Fundamente solcher Systeme zu stellen

George G. Lorentz (1910-2006)

Nestor der Approximationstheorie

herausragender Mathematiker, der mit seinem Ideenreichtum die Entwicklung wichtiger Gebiete der Analysis entscheidend beeinflusst und mit der Klarheit seiner Darstellung vielen Lernenden den Zugang zu tiefgründigen mathematischen Fragestellungen eröffnet hat

Edward Lorenz (1917-2008)

Mathematiker, der die Metapher des Schmetterlingseffekts schuf, um das chaotische Verhalten des Wetters zu veranschaulichen

Alfred Louis (*1949)

Mathematiker aus Saarbrücken, der gemeinsam mit Hartmut Schachtzabel und Peter Maaß Rechenverfahren entwickelt hat, um Computertomographen für die Qualitätskontrolle zu nutzen

Lady Ada Lovelace (1815-1852)

Tochter des großen Lord Byron, verehelicht als Lady Lovelace, die der Sage nach die ersten Programme der Welt geschrieben hat

erste Programmiererin, Mutter des Computers

Edouard Lucas
(1842-1891)

französischer Mathematiker, der 75 Jahre lang den Primzahlrekord hielt – mit seiner im Jahr 1867 gefundenen Primzahl mit 39 Ziffern, die sich ergibt, wenn man $2^{127}-1$ ausrechnet

Jan Lukasiewicz
(1878-1956)

polnischer Logiker, der in den 20-er Jahren des 20. Jahrhunderts nichtklassische Logiken begründet hat

Menge

M-Theorie

mathematische Theorie für alles, welche die Vereinheitlichung der Allgemeinen Relativitätstheorie und der Quantenmechanik vollbringen soll

Simon Mackenzie

Mathematiker von der University of New South Wales in Australien, der gemeinsam mit Haris Aziz ein neidfreies Protokoll für eine beliebige Anzahl von Menschen entwickelt hat (2016)

Frédérick Maffray

Mathematiker von der Universität Toronto, der die Existenz von Kernen für eine große Anzahl von Graphen bewies, darunter diejenigen, die mit den Dinitzschen Quadraten eine direkte Verwandtschaft haben (1994)

Maffrays Theorem

Theorem, das besagt, dass man, während das partielle lateinische Quadrat schrittweise mit den verschiedenen Symbolen gefüllt wird, zu jedem einen passenden Kern finden kann

MANIAC

Mathematical Analyzer, Numerical Integrator and Computer

Computer am Militärforschungszentrum von Los Alamos

Benoît Mandelbrot (1924-2010)

Mathematiker, der sich Ende der 60-er Jahre zur Aufgabe stellte, Selbstähnlichkeit in ein mathematisches Modell zu fassen

Chaosforscher, der am IBM-Forschungszentrum in Yorktown Heights sowie der Yale-Universität tätig ist und sich heute vor allem mit der Finanzmathematik beschäftigt (2001)

Entdecker der Fraktale, Vater der Fraktale

Erfinder des Apfelmännchens

Entdecker der Mandelbrot-Menge

Yurij Manin (*1937)

russischer Mathematiker, der 1999 den Rolf-Schock-Preis der Königlichen Akademie der Wissenschaften in Schweden erhalten hat

Co-Direktor des Max-Planck-Instituts für Mathematik in Bonn (1996):

„Herr Manin gilt als einer der fähigsten mathematischen Köpfe, und jedes Mal, wenn er im Erdgeschoss des Instituts seine Seminare hält, sitzen die anderen – auch Herr Faltings und Herr Zagier – wie Schulbuben in ihrer Bank und kauen, wenn schon nicht an ihren Bleistiften, so doch an den auf vier Schiefertafeln aufgeworfenen Problemen. Als Beobachter erkennt man nur Klammern, Pfeile, durchkreuzte Kreise, Bruchstriche und die mit Kreide fahrig hingeschriebene Behauptung, M sei ‚a simply connected manifold'. Hinterher, beim Interview, ist Herr Manins Blick unverwandt auf die weiß-getünchte Wand seines Büros gerichtet, so als ob auch dort noch die Hieroglyphen der Mathematik zu studieren seien. Und so nehmen wir von ihm vor allem den Satz mit, dass er Mathematik als eine machtvolle Sprache begreife, als einen Teil unserer gesamten intellektuellen Anstrengungen."

Peter Sartorius in „Ein Winkel voller mathematischer Größen" (SZ, 4./5.4.1996)

Amédée Mannheim (1831-1906)

französischer Artillerieoberst und Professor für Mathematik, der 1850 den auf dem Körper gleitenden Läufer erfand, der zusammen mit der Zunge und Stabkörper dem Rechenschieber bis zu seinem Ende um 1980 sein klassisches Aussehen gab

Mannigfaltigkeit

Abstraktion von Flächen in Räumen, die nicht nur drei Ausdehnungen haben, sondern viele Dimensionen

z. B. die Kugeloberfläche oder Torusoberfläche

Massimo Marchiori (*1970)

italienischer Mathematiker von der Universität Padua, der den Google-Algorithmus seit 20 Jahren untersucht und bezweifelt, dass transparente Algorithmen die Informationsarchitektur der Digitalmoderne zum Einsturz bringen würden (2017)

Andrej Markov (1856-1922)

russischer Mathematiker, der die Hidden-Markov-Modelle ersonnen hat

Hidden-Markov-Modell

Methode, die die Wahrscheinlichkeit abschätzt, dass nach einem bestimmten Merkmal ein anderes oder auch dasselbe folgt

Theorie der Markow-Ketten

Teilbereich der Mathematik, der sich mit Zufallsprozessen beschäftigt

Marktdesignforschung

mathematische Esoterik, die scheinbar wenig bis gar nichts mit dem wirklichen Leben zu tun hat:

„Selbst manche Wirtschaftswissenschaftler halten die Marktdesignforschung für mathematische Esoterik, die wenig bis gar nichts mit dem wirklichen Leben zu tun hat. Dieser Eindruck täuscht. Hinter dem Dickicht mathematischer Formeln verbirgt sich ein umfassender Anspruch auf Gesellschaftssteuerung. Marktdesigner beanspruchen, Wirtschaftsprozesse so zu konstruieren, dass die Marktteilnehmer dazu genötigt werden, sich wie die rationalen Akteure zu verhalten, die die ökonomische Theorie im Idealzustand voraussetzt."

Georg Rilinger in „Die virtuelle Auktion" (FAZ, 17.11.2020)

Alexander Martin (*1965)

Mathematikprofessor aus Darmstadt, der gemeinsam mit Jürgen Bokowski den Beweis dafür lieferte, dass sich Egoisten häufig selbst schaden, wenn sie kurzfristig ihre eigenen Interessen durchsetzen wollen (2001)

Guillermo Martínez (*1962)

Schriftsteller und Mathematiker mit Oxford-Diplom, der in seinem Roman „Roderers Eröffnung" von 1992 die Vorgeschichte der Pythagoras-Morde erzählt

Per Martin-Löf (*1942)

schwedischer Logiker, der die abhängige Typentheorie entwickelte

Marxematik

Diskussion der Wertlehre von Karl Marx, für deren Verständnis man ein bisschen Mathematik mitbringen muss

Turing-Maschine

universelles Modell des Rechnens

ein durch Software gesteuerter Allzweckcomputer, den Alan Turing in seinem 1936 veröffentlichen Aufsatz „On Computable Numbers, with an Application to the Entscheidungsproblem" beschrieb

Vier-Spezies-Maschine

Maschine, die mechanisch addieren, subtrahieren, multiplizieren und dividieren kann

Mathe

Fach, das volle Konzentration, Hingabe und hohe Frustrationstoleranz erfordert

Schulfach, das gemeinhin als Horrorfach gilt

Fach, das nicht doof ist

kein Kinderspiel

Hauptzutat bei allem, was heute ernst ist

Sonderbereich des Denkens und Urteilens, den man nur ohne ideologische Scheuklappen ernsthaft betreiben kann

Mathe-Ass

mathematisches Top-Asset

Top-Mathe-Ass

Mathe-Ass, das unter den Besten im Fach Mathematik noch herausragt

Mathe-King

Junge mit Begabung und Begeisterung für die Mathematik

Mathe-Klatsche

schlechtes Ergebnis bei internationalen Vergleichstests in Mathematik

Mathe-Klischee

Vorurteil gegenüber mathematisch interessierten Menschen, z. B. dass sie alle männlich sind

Mathe-Gen

angeborene Fähigkeit, die jeder hat, um Mathematik zu betreiben

Titel eines Buchs von Keith Devlin, in dem sein Lieblingsthema Mathematik im Mittelpunkt aller Erörterungen steht:

„Mit diesem zentralen Ausdruck ‚Mathematik' geht Devlin übrigens sehr sorgfältig um, und sein Buch lohnt sich allein wegen der vielen Angebote, die er dem Leser macht, um besser nachvollziehen zu können, was mathematisch begabte Menschen so gut können und fasziniert. Es sind nicht das Kopfrechnen und das kleine oder große Einmaleins, auf die es ankommt. Der hiermit bezeichnete Umgang mit den Zahlen taucht im Buch nur auf, um dem Leser zu zeigen, dass der Schlüssel zum kleinen Einmaleins darin liegt, die natürliche Intelligenz unseres Gehirns zu überlisten."

Ernst Peter Fischer über Keith Devlins Buch „Das Mathe-Gen" in „Wer hat an der Zahl gedreht?" (FAZ, 27.11.2001)

Mathekoffer

Materialsammlung für den interaktiven Mathematikunterricht, die im Jahr der Mathematik 2008 entwickelt wurde und sich am Ende des Jahres bereits in 4300 Exemplaren in Schulen befand

Mathelabor

Labor, in dem Forscher Schüler in Interviews laut über mathematische Problemlösungen nachdenken lassen

Mathemagie

in Kunstwerken verschlüsselte, aber erkennbare, wenn auch noch nicht ganz entschlüsselte Mathematik

Mathemuffel

Kind, das keine Lust auf Mathematik hat, aber bei der richtigen Motivation zu einem Knobelkönig werden kann

Mathe-Phobie

negative Einstellung zur Mathematik, mit der Generationen von Schülern, denen der Spaß an der Mathematik vergrault wurde, ins Leben entlassen werden

Mathe-Queen

Mädchen mit Begabung und Begeisterung für die Mathematik

Mathesoldaten

Kinder, die wie Soldaten mit Mathematik gedrillt werden

Mathesong

kleine Zirkusvorstellung, bei der alles ganz leicht aussieht und sich gut anfühlt

Mathestream

Mathematik als Mainstream-Phänomen:

„Auch die Emotionalität der Mathematik hat sich in den vergangenen Monaten von einer Einsicht der wenigen zu einem polternden Mainstream-Phänomen gewandelt. Auf einmal wird in den sozialen Medien, den Online-Foren und Kommentarbereichen mit einer Leidenschaftlichkeit über Funktionen und statistische Zusammenhänge gestritten, die man kaum für möglich gehalten hatte. Da wirft man sich gegenseitig vor, exponentielles Wachstum doch nie wirklich verstanden zu haben, die falschen statistischen Verteilungen zu nutzen oder Kurven und ihre Ableitungen zu verwechseln. Wer mit mathematischer Fachkenntnis glänzt oder diese zumindest gekonnt simulieren kann, hat plötzlich das Zeug zum Meinungsmacher – auch das hat 2020 also angerichtet."

Sibylle Anderl in „Mathestream" (FAZ, 23.12.2020)

Mathe-Szenen

kurze Theaterstücke zum Thema Mathematik

Matheunterricht

Schulunterricht, in denen Menschen stupide Aufgaben lösen müssen, deren Sinn sie kaum verstehen

Mathe-Werkstatt

Lernprojekt, das spielerisch mathematische Grundkompetenzen lehrt

Mathe-YouTuber

Person, die auf YouTube kostenlose Mathematiknachhilfe anbietet

Mathezerstörungswaffen

Weapons of Math Destruction

Algorithmen, die schädliche Auswirkungen haben, indem sie Entscheidungen darüber treffen, wer einen Job bekommt, wer wie viel für seine Autoversicherung zahlt, ob jemand eine Haft- oder Bewährungsstrafe bekommt oder wie lange man in einer Hotline warten muss – und denen immer mehr Menschen blind vertrauen, weil sie entweder nicht bemerken oder einfach hinnehmen, dass die Algorithmen dabei Verheerungen anrichten

Mathema

Mathematikausstellung, die 2008/9 im Deutschen Technikmuseum in Berlin zu sehen war

Mathemane

Durchblicker

Schüler, der im Mathematikunterricht alle Lösungen nur so aus dem Ärmel schüttelt und im Unterricht ständig unterfordert ist

Mathemartist

Künstler, der mathematische Anregungen in sein künstlerisches Schaffen stellt, z. B. Klaus Becker

Mathematica

von Stephen Wolfram entwickeltes Programm mit über einer Million Anwendern weltweit, das langwierige mathematische Berechnungen auf Knopfdruck erledigt und die Möglichkeit gibt, auch abstrakte Strukturen in ansprechende Bilder zu gießen, was einem neuen, experimentellen Stil der Mathematik Auftrieb gab (2002)

Programm, das drei verschiedene Teilgebiete der Mathematik vereint: Numerik, das pure Rechnen mit Zahlen und das symbolische Rechnen

Mathematicus

Mathematiker

Mathematik

Fach, das als schwierig und weltfremd gilt

ein großes fremdes Etwas, zu dem Schüler und Studenten keine Beziehung finden

Fach, das durch die Schuld von Lehrern und Lehrplänen als esoterisch, abstrakt und trocken gilt

als staubtrocken abgestempeltes Fach

Fach, das viel Verdrossenheit und Ängste erzeugen kann

ungeliebtes Fach, meistge-
hasstes Schulfach, Hass-Fach
schlechthin

Fach, in dem sich Sofortbegreifer
und Niekapierer schneller als in
jedem anderen Fach trennen

Fach, das manchem zu Schul-
zeiten den Schlaf geraubt hat
und bis heute Erinnerungen an
freudlose Stunden weckt

für viele ein Angstfach, was
nicht nur individuell leidvoll ist,
sondern auch eine Verschwen-
dung von Ressourcen

Fach, bei dem viele Kinder den
gesunden Menschenverstand
ausschalten

eine Qual, schon in der Schule

Stunde der Stoßseufzer

für viele ein rotes Tuch

Achillesferse

Albtraum

als Schulfach ein Horror,
langweilig und zu nichts nutze

Fach mit dem Ruf, extrem
schwer zu sein

Nachhilfefach Nummer eins

Welt, mit der man sich nur so
lange befasst, bis die Schule
vorbei ist

Fach mit schlechtem Image

Fach, das in den Medien nicht
stattfindet

Metier, das im Wissenschafts-
journalismus nur in Dezimalstellen stattfindet

blinder Fleck in unserer
Zivilisation

Wissenschaft, die im Bewusstsein
vieler Menschen ein Schatten-
dasein führt

exterritoriales Gebiet, in dem
sich wenige Eingeweihte verschanzt haben

Wissenschaft, die nach Cicero
überhaupt nur den Wert hat,
dass sie die Verstandeskraft
der jungen Leute ein wenig
schärft

Schulung des präzisen und
abstrakten Denkens, das weit
über das schablonenartige
Anwenden mathematischer
Methoden auf Standardpro-
bleme hinausgeht

Fach, in dem das Lernen, das
Speichern von Wissen allein
nicht ausreicht, und man beim
tieferen Eindringen in die Materie eine besondere Begabung
des Begreifens von Zusammenhängen braucht

Spiel mit dem einzigen Zweck,
den Intellekt herauszufordern
und zu schärfen

Trainingsgelände fürs Hirn

Fach, das persönlichkeitsbildend
ist

Wissenschaft, die dem Aufbau
des Denkens folgt

etwas, das eine Infrastruktur des
Denkens schafft

das beste Bild des Raums,
in dem wir präzise denken

Wissenschaft, deren Handwerkszeug wie im Sport Ausdauer,
Kraft und Gelenkigkeit ist

Fach, das mehr als alle anderen Wissenschaften und Künste ein Spiel für junge Leute ist

Fach, das eine Fülle von Schätzen in sich birgt

Fach, das früher nicht so einladend war

Fach, das auch eine schöne Seite hat

Fach, das auch Spaß machen kann

Fach, das mit Spaß, Neugier und Kreativität zu tun hat

etwas, das wirklich mehr sein kann als bloßes Rechnen

Fach, das nicht nur aus komplizierten und für die meisten Menschen völlig unverständlichen Formeln besteht

Fach, bei dem es doch um mehr als stures Anwenden von Rechenregeln oder Lösungsrezepten geht und viel stärker um logisches Denken und schnelles Erfassen

Spiel, an dem Schüler – und natürlich auch Erwachsene – Interesse und Motivation gewinnen und Spaß haben können

Wissenschaft, die auf jedem Niveau Spaß, Herausforderung und ästhetischen Genuss bietet

eine vielseitige und faszinierende Wissenschaft

kein Fach zum Fürchten

Fach, das Schüler ganz schön herausfordert

Fach, in dem man sich anstrengen muss

Angstfach, das die Basis für höchste Weihen ist

Erfolgsgeheimnis

Fach, das nicht nur durch logische Strenge geprägt ist, sondern auch aus Kreativität und einer Vielzahl unbewiesener Vermutungen besteht, die sich nicht in einen Computercode übertragen lassen

Schulfach, das nicht nur ungeliebt ist, sondern auch eine spannende Wettkampfdisziplin sein kann

Fach, das auf dem Studienplan steht, weil es unverzichtbar für das weitere Studium ist, und von Studienabbrechern zu Unrecht zum Sündenbock gemacht wird

jahrzehntealtes Sorgenkind für den gesamten MINT-Bereich

Rechnen, Rechenkunst, Formelkram

Zahlenwissenschaft, Zahlenlehre, Studium der Zahlen

Zahlenakrobatik

Land der Zahlen, Reich der Zahlen

Welt der Zahlen und Logeleien

Welt der Zahlen und Zeichen, der Formeln und Symbole

Herumprobieren mit Zahlen unter Vorgabe von Regeln, von denen die wichtigste lautet: Vermeide das Überflüssige

Wissenschaft von Mustern, Korrelationen und Kausalität

Wissenschaft von der exakten Berechnung von Prozessen

abstrakte Welt von Zahlen, Gruppen und mehrdimensionalen Räumen

Wissenschaft mit dem Ruf, angestaubt, langweilig und praxisfern zu sein

trockene und unverständliche Wissenschaft

trockene Materie, abstrakte Materie

eine eher schmucklose Wissenschaft

eine äußerst wortkarge Wissenschaft

Erforschung von Welten, die man gar nicht sehen kann

Wissenschaft aller möglichen Welten

Gebirge, in dem – wenn man ein ordentliches Stück dorthin hinter sich gebracht hat – der Anreiz zum Fortschreiten plötzlich so stark wird, dass man auch erhebliche Mühen, Umwege, Sackgassen und Steilhänge in Kauf nimmt und trotzdem vorankommt

Sprache, die nur Eingeweihte verstehen

Sprache, mit der sich Forscher über die Welt verständigen

Sprache der Physik, Sprache der Wissenschaften

universelle Sprache, machtvolle Sprache, universelle Befehlssprache

einzige Sprache, die überall auf der Welt gleich gesprochen wird

Disziplin, die man sich gerne als schwierige, aber einheitliche, dem Kundigen von A bis Z sich erschließende Sprache denkt, als eine Sprache universeller Kommunikation, die aber in Wahrheit längst ein kaum übersehbares, zersplittertes Terrain ist, auf dem es erhebliche Übersetzungsprobleme gibt

eine sich explosionsartig entwickelnde Wissenschaft von ausgesprochener Schönheit

sprudelnde Quelle intensiv spürbarer Schönheit

eine der schönsten, reinsten und schüchternsten Wissenschaften

Kunst des Intellekts

Kunst der abstrakten Zahlen

zweckfreie, schwer nachvollziehbare Gedankenakrobatik, die sich kaum anwenden lässt

rätselvolles Reich

Wissenschaft und kulturbildende Denkform

Herausforderung des Geistes

Fach, das wie die Poesie dazu imstande ist, die Wirklichkeit in einer verdichteten Form abzubilden

U- und E-Musik zugleich

Poesie der Ideen

L'art pour l'art

Fabelwelt, Freiheit, Spiel

weltabgewandte Spielerei

Wissenschaft, über die der Philosoph Bertrand Russell sagte: „Eine Stätte des Friedens, ohne die ich nicht wüsste, wie ich weiterleben sollte."

Wissenschaft vom Unendlichen

Wissenschaft der Wissenschaften

Mutter der Wissenschaften, Königin der Wissenschaften

Königin der Wissenschaft, die allerdings in Deutschland nicht gerade königliches Ansehen genießt

Königin aller Wissenschaften, die auch noch schöner anzusehen sei, wenn sie vom Thron der Unnahbarkeit herabsteigt

Disziplin, die sich gern als Königin der Wissenschaft tituliert und etwas Esoterisches hat, da ihr Inhalt die pure Abstraktion und ihre Sprache formelhaft im doppelten Sinne ist

Fach, das sich weniger um die Realität kümmert, sondern mehr wie ein Schachspiel ist und sich mit Symbolen befasst, die nicht unbedingt in der Wirklichkeit eine Entsprechung finden

Fach, das sich im 20. Jahrhundert von Anwendungsbezügen gelöst hat

Disziplin, die vermeintlich nur in höheren Sphären agiert und Grundlagenforschung betreibt

Wissenschaft, die am liebsten im freien Flug über den Wolken schwebt und ohne Bindung an niedere Probleme ihr komplexes Netz aus Schlussfolgerungen und Vermutungen spinnt

Disziplin, in der das Wechselspiel von Versuch und Irrtum den Takt des Fortschritts angibt

Welt der Mathematiker, in der es sich darum dreht, neue Definitionen und Vermutungen zu entwickeln und – vor allem – Beweise zu finden

Fach, in dem es zum Glück meistens sehr eindeutig ein Richtig und Falsch gibt

abstrakte Welt, in der es eigentlich keinen Streit über richtig und falsch geben kann

Fach, das anders als bei der Meinungsfreiheit nicht von Interpretationen und Wertungen im Einzelfall abhängig ist

Wissenschaft, in der jeder Begriff exakt definiert ist

strengste wissenschaftliche Disziplin

strengste, präziseste, rationalste aller Wissenschaften

Fach mit einer scheinbar unerbittlichen Logik

eine penibel exakte, rein abstrakte und zuhöchst rationale Wissenschaft

Wissenschaft, die analytische statt bloß synthetisch-empirische Wahrheit bietet

die wohl einzige Wissenschaftsdisziplin, die in ihrer geschichtlichen Entwicklung keine Fehler oder Falschaussage hat korrigieren müssen ein abstraktes Gebäude, das auf dem festen Grund der Axiome der Logik aufgebaut und mit unbestreitbaren Schlussfolgerungen zementiert ist

abgeschlossenes Gebiet von Begriffen, Sätzen und Methoden

Wissenschaft der ewigen Wahrheiten

Wissenschaft abstrakter Probleme

abstrakteste der Wissenschaften

das, was beim Abstrahieren übrig bleibt

Inbegriff eines logisch aufgebauten Systems

rein gedankliches Konstrukt

unsichtbare Welt, objektive Welt, faszinierende Welt

unterhaltsames Bauwerk

gewaltiges Bauwerk

riesiges Gedankengebäude, das ständig neue Anbauten erhält

Verständnis-, kein Wissensfach

Geisteswissenschaft

Wissenschaft, die man durchaus auch als Geisteswissenschaft und als Kunst ansehen kann – wie dort sind die Ergebnisse wertvoll ohne Bezug auf irgendeine Anwendung

kulturelles Kapital von immenser Bedeutung und von größtem Reiz

Teil unserer gesamten intellektuellen Anstrengungen

Grundlage aller Erkenntnis und die Trägerin aller höheren Kultur

Fach, das Verbindung zwischen Kunst und Wissenschaft herstellt

Sprache, in der man intuitives Wissen präzise in Formeln darstellt

Wissenschaft, an der wir einfach nicht vorbeikommen und die uns auch dort erwischt, wo wir sie am allerwenigsten erwarten: in unserer Sprache

Wissenschaft, die anders betrieben wird, als sie hinterher auf dem Papier aussieht: nicht als automatische Herleitung von Formeln, sondern als Austausch von Ideen und Beweisen

aus künstlerischer Perspektive ein Medium

Kulturtechnik, Teil der Kultur, Kultur

die merkwürdigste aller Geisteswissenschaften

eine – wenn auch äußerst kunstvolle und nützliche – Tautologie, da sie nicht Teil der empirischen Realität ist

Wissenschaft, die ein von anderen Wissenschaften isoliertes Dasein führt

ein zwar nicht abgeschlossenes, aber in sich geschlossenes Denkspiel

Labyrinth

Formelwesen

bloßer Formalismus

Forschungsgegenstand

Wissenschaft, die nicht mehr und nicht weniger sein sollte als ein System zwingender und widerspruchsfreier Regelanweisungen aufgrund aller möglichen axiomatischen Setzungen

eine abstrakte und trockene, von Zahlen, Gleichungen und langen Rechnungen dominierte Disziplin, deren Aussagen man gar nicht oder nur schwer begreifen kann

undurchdringlicher und sinnleerer Formelwald

abgeschlossenes Formelgebäude ohne Regungen und Handlungen

abstrakte, nur schwer verständliche Wissenschaft, die mit der Alltagswelt wenig zu tun hat

eines der schwersten Studienfächer überhaupt

normalerweise etwas für Spezialisten

eine nur vermeintlich abstrakte Materie

nicht nur graue Theorie

Fach, das als universelle Wissenschaftssprache unser Leben durchdringt, ohne dass wir es merken

Wissenschaft, die nahezu alle Lebensbereiche durchdringt und auch für fast ausnahmslos alle Berufe wichtig ist

Wissenschaft, die Bestandteil des Alltags ist, uns alle angeht und ohne die die technische Welt nicht entstanden wäre

Sprache, in der Naturwissenschaftler ihre Theorien formulieren

Fach, das uns überall begegnet, etwa in der Bewegung von Planeten oder in der Form von Schneeflocken und Schneckenhäusern

Wissenschaft, die eine hohe Flexibilität bereitstellt, um komplexe Probleme aus der Realität zu beschreiben und sich der Lösung anzunähern

Sprache, die Naturwissenschaftlern die Modellierung funktionaler Zusammenhänge mittels einer Formelschrift erlaubt, die verfügbare Information komprimiert

Handwerkszeug, mit dessen Hilfe Physiker die Welt beschreiben

schlechthin das Werkzeug der Naturwissenschaften

die logisch und historisch erste Wissenschaft

Wissenschaft, ohne die keine Wissenschaft möglich ist

wirksamste aller Wissenschaften und die esoterischste zugleich

Forschung, die oft als völlig zweckfreie Theorie beginnt – und sich später als enorm praktisch erweist

Werkzeug, das beim Sortieren und Rechnen hilft

Wissenschaft, die unseren Alltag strukturiert und in jedem Ding der gemachten Welt steckt, die uns umgibt

Wissenschaft, der sich alle Ingenieure als Werkzeug bedienen

Wissenschaft, die als Sprache der Logik bei ökonomischen Fragen unentbehrlich ist

als brotlose Kunst verschriene Wissenschaft, die sich zu einem wichtigen Wettbewerbsvorteil entwickelt hat

Fach, das exzellente berufliche Chancen bietet

Beruf, der weniger mit Rechnen als mit Problemlösen zu tun hat

Fach, das zunehmend die Basis für neue Technologien liefert

Eisberg, bei dem sich unter der Oberfläche das Königreich der reinen Mathematik befindet und über dem Wasser die angewandte Mathematik

Sprache der Naturwissenschaften und Methodik der Informatik und der Wirtschafts- und Ingenieurwissenschaften

Wissenschaft, die die entscheidende Ressource aller technologischen Fortschritte bilden wird

Grundlage der Technik, ja der gesamten abendländischen Zivilisation

Schlüsselwissenschaft, auf die ein Land nicht verzichten kann, das im globalen Wettstreit steht

Fach, das eine Schlüsselrolle für den gesamten MINT-Bereich spielt

Schlüsseltechnik für die Wirtschaft

verborgene Schlüsseltechnologie

Schlüssel zu den Schlüsseltechnologien

geistige Infrastruktur der Produktivkräfte

Standortfaktor

Disziplin, von der die moderne Gesellschaft durchdrungen ist, auch wenn uns dies im Alltag kaum bewusst wird

Wissenschaft, die nicht nur nützlich ist und sich hinter jedem Lichtschalter und jedem Fahrkartenautomat verbirgt, sondern auch ungemein anregend ist

ungeheuer mächtiges Denkwerkzeug, das Klarheit und Ordnung in das Durcheinanderland der Phänomene bringt

eine Art universelle Hebamme

Hilfswissenschaft für andere Disziplinen

Dienstleistungsbetrieb für andere Wissenschaften

sozial und historisch bestimmter Umgang mit der Welt

geistige Infrastruktur unserer Entscheidungsprozesse

genau besehen auch eine Ideologie

häufiger ein nützlicher Idiot

Geisteskind, Kopfprodukt, Modellkiste, Theorie

Wissenschaft, über die Albert Einstein sagte: „Insofern sich die Sätze der Mathematik auf die Wirklichkeit beziehen, sind sie nicht sicher, und insofern sie sicher sind, beziehen sie sich nicht auf die Wirklichkeit."

Wissenschaft, die sich Zungen-
brechern wie „holomorphische
Diffeomorphismen der kom-
plexen Ebene" und „Folianten"
bedient

Spielerei aus Hypotenusen, Koordinaten und Pi-Berechnungen,
welche die Komplexität der Welt
nur unzureichend beschreibt

Kunst, verschiedenen Dingen
denselben Namen zu geben

Wissenschaft, die wie die Geschichte zu Vergleichen anregt,
mitunter sogar zu solchen zwischen dem Verhalten von Poly-
meren und Bürokraten

Musik der Vernunft

Kunst, die sich nicht verbieten
lässt

Wissenschaft, deren Platz im
Diesseits der Kultur ist, nicht als
Spiel und nicht als Sprache,
sondern als die am weitesten
entwickelte Form des Denkens
und Verstehens

wertvoller Bestandteil der
menschlichen Kultur wie Literatur, Musik, Malerei und bildende
Kunst

eine nie ganz aufgefundene und
niemals ganz aufzufindende
Wissenschaft

allgemeine Mathematik

von Rudolf Wille begründetes
Programm, das auf die Einstellung abzielt, die Mathematik für
die Allgemeinheit zu öffnen, sie
prinzipiell lernbar und kritisierbar
zu machen

alphabetische Mathematik

alphabetische Tour durch die
Welt der Zahlen

Sammlung von Geschichten aus
der Welt der Mathematik für jeden Buchstaben der Mathematik

alternative Mathematik

Mathematik, die besonders die
Mainstreammedien unablässig
kolportieren

Lügenrechnung, z. B. 2+2=22

Form von Mathematik, deren
Korrektur durch Experten von
manchen als emotionale
Stressausübung, die Kreativität
blockiert, verstanden wird

Mathematik zum Anfassen

Ausstellung, die Mathematik zum
nahe bringt, indem sie meterho-
he Seifenblasen, Geheimschrif-
ten und Kaleidoskope zeigt, in
die man hineinkrabbeln kann

Ausstellungen von Albrecht
Beutelspacher, die seit Jahren
durch Schulen, Universitäten
und Museen tingeln

Wanderausstellung, die Beutelspacher und sein studentisches
Team 1994 ohne finanzielle Hil-
fen entwickelt und seither kontinuierlich verfeinert haben

Alltagsmathematik

Mathematik, die ausreicht, um
über die Runden zu kommen

Bruchrechnen, Dreisatz und
Prozentrechnung

angewandte Mathematik

Mathematik der Rechenknechte

Mathematik, die nicht nur schöne Theorien aufstellt, sondern sie auch auf dem Rechner in konkrete Ergebnisse umsetzt

Mathematik, die in fast jedem technischen Gerät steckt – vom Handy über den CD-Player bis zum Navigationsgerät und der Suchmaschine im Internet

Deutsche Mathematik

Anfang des 20. Jahrhunderts postulierte deutsch-nationale Eigenart einer Mathematik, die auf arteigener Anschauung basiert und mit der die von den Intuitionisten reklamierte Anschaulichkeit in eine Weltanschauung nationalsozialistischer Provenienz umgebogen werden konnte

diskrete Mathematik

Mathematik, die entgegen ihrem Adjektiv nichts mit Geheimnistuerei zu tun hat

Methoden zur Optimierung von Telefonnetzen, Fahrplänen und Lagerbeständen

Mathematik, die, abgeleitet vom lateinischen Verb „discernere" (unterscheiden), mit definierten Zuständen und endlichen Zahlen zu tun hat

Mathematik der zerlegbaren, endlichen Strukturen

Mathematik des Portionierbaren

Mathematik, die keine Zwischengrößen kennt:

„Die Mathematik war über lange Zeit praktisch nur mit kontinuierlichen Größen beschäftigt. Mehl oder Wasser sind kontinuierliche Größen, die man in beliebigen Stückelungen erhalten kann. Die Natur beschreiben wir aus Bequemlichkeitsgründen kontinuierlich, obwohl sie gequantelt ist. Die Diskrete Mathematik kennt keine Zwischengrößen. 1-2-3-4-5… sind diskrete Zahlen. 1,3 ist verboten. Das Mehl kann man nicht kontinuierlich kaufen, nur in abgepackten Größen, etwa ein Kilo. Mit dem Bus können Sie nicht zur Hälfte nach A und zur anderen Hälfte nach B fahren. Wenn ich nach Südafrika fliege, kann ich nicht zur Hälfte mit der Lufthansa und zur anderen Hälfte mit South African Airline fliegen."

Martin Grötschel im Interview mit Karlen Vesper in „Unsere Schätze der ganzen Welt" (ND, 8.5.2016)

esoterische Mathematik

Ausbrüche aus den herrschenden Forschungsparadigmen der Mathematik, bei denen die wissenschaftlichen Spielregeln verletzt werden

Ethnomathematik

Umgang mit Zahlen in Afrika, im Islam, bei den Kelten, Mayas, Inkas und Indianern

experimentelle Mathematik

mathematisches Gebiet, in dem mit Computern Welten entdeckt werden, die sich vorher niemand vorstellen konnte

Finanzmathematik

Fachgebiet, das mit immer ausgeklügelten mathematischen Modellen erlaubt, die Risiken des Finanzmarktes einzuschätzen und sichere Geldanlagen zusammenzustellen

griechische Mathematik

Mathematik, die zunächst stark geometrisch ausgerichtet war

harte Mathematik

anspruchsvolle Mathematik, die spätestens bei exotischen Produkten nötig wird

höhere Mathematik

Mathematik, bei der man aussteigt

Hochzeitsmathematik

Mathematik, die bei der Suche nach dem richtigen Ehepartner hilft

Mathematik, die nicht aus Liebesgründen entstand, sondern weil sie handfeste Anwendungen in Physik, Ökonomie, Technik und Kriegsführung hat – wie ordnet man Bomben die Ziele zu?

Jahrmarktsmathematik

Mathematik, die der Intuition zuwiderläuft

Mathemagie

klassische Mathematik

Mathematik, die indirekte Schlüsse nach dem Prinzip des ausgeschlossenen Dritten zulässt

Klimamathematik

Auszählen von Beiträgen zur Klimawissenschaft, die die These vom menschengemachten Klimawandel stützen:

„An dieser Stelle kommt zur Klimasprache die Klimamathematik. Der kalifornische Physiker James Powell hat jüngst im ‚Bulletin of Science, Technology & Society‘ alle 11602 zwischen Januar und August dieses Jahres erschienenen sorgfältig begutachteten Artikel mit den Stichworten ‚Klimawandel‘ und ‚Erderwärmung‘ ausgewertet und gefunden, dass nicht mehr nur die vielzitierten 97 Prozent, sondern hundert Prozent der Veröffentlichungen mit der These vom menschengemachten Klimawandel konform gehen. In der Klimasprache heißt das: Mehr Einigkeit geht nicht, Mathematisch mag das korrekt sein, doch der politische Mehrwert – und der ist entscheidend – bleibt abzuwarten."

Joachim Müller-Jung in „Klimamathematik" (FAZ, 11.12.2019)

konstruktive Mathematik

Mathematik, in der nur das existiert, was auch konstruiert werden kann

lebendige Mathematik

Mathematik, die in jedem Kopf neu entsteht

Mathematik ohne Mathematik

Mathematik, die dort entsteht, wo Mathematiker die Brücken zu Anwendungen in anderen Disziplinen abgebrochen haben und wo nun ohne Beteiligung von Mathematikern eine Mathematik minderer Qualität entsteht

moderne Mathematik

Mathematik, die sich von anschaulichen oder ontologisch befrachteten Begriffen befreit und dadurch produktiv mit Widersprüchen umgeht

Mathematik, deren Ziele und Ergebnisse vor allem für Nichtmathematiker kaum noch erkennbar sind

Mathematik, die zunehmend zu einer ökonomischen Ressource wird

numerische Mathematik

Mathematik, die im 18. Jahrhundert noch mühsame Handarbeit war

Mathematik des Origami

Mathematik mit Formeln, die aus der japanischen Kunst des Papierfaltens abgeleitet sind

Pop-Mathematik

öffentlichkeitswirksame Form von Mathematik, z. B. Chaosforschung

praktische Mathematik

Mathematik für die Praxis

reine Mathematik

Mathematik, die auf der Entdeckung beruht, dass Zahlen und Funktionen eine eigene Welt bilden, deren Komplexität und Stimmigkeit von physikalischen Fragen ganz unabhängig ist

Mathematik, in der Mathematiker rücksichtslos ihre eigenen Wege gehen, von denen niemand im Voraus sagen kann, wohin sie führen werden

Mathematik, die sich z. B. der elliptischen Kohomologie zuwendet oder die Abelschen Varietäten auslotet

physikabgewandte Tradition der Mathematik

etwas, das nur aus Mathematik besteht

theoretische Mathematik

rhetorische Mathematik

Mathematik, die Eindruck schinden soll

Rückwärtsmathematik

mathematische Disziplin, die erforscht, welche Voraussetzungen es braucht, um eine gegebene Behauptung beweisen zu können

Schmierölmathematik

Klischee einer minderwertigen angewandten Mathematik

Bezeichnung von Landau für die angewandte Mathematik in Göttingen

Schulmathematik

Schulfach, das mit der Fachmathematik oft nichts zu tun hat

Mathematik, von der ein großer Teil auf die alten Griechen zurückgeht

Schulfach, das noch lange den Umgang mit Rechenschieber und Logarithmentafel lehrte, obwohl jeder einen Taschenrechner hatte

Mathematik, die Leute auf die Idee bringt, dass Mathematiker in der Regel etwas mit „$a^2+b^2=c^2$" oder – noch peinlicher – mit „$E=mc^2$" zu tun haben

Mathematik, die zum überwiegenden Teil aus Regeln zur Lösung innermathematischer Standardaufgaben besteht: Kochrezepte für Kreuzworträtsel

nur ein Balken aus dem riesigen Gedankengebäude der Mathematik

spekulative Mathematik

Mathematik, die präzise Definitionen und exakte Beweise vermissen lässt, wodurch sich wilde Spekulationen immer schneller ausbreiten und auf die reine Mathematik übergreifen

Technomathematik

Studiengang, der sich als Reaktion auf die große Nachfrage von Mathematikern in der Industrie ab 1980 etabliert hat

Mathematik des Terrors

Vorgehen von Terroristen, das dem Konzept globalmedialer Schockwirkung folgt und dabei effektiver, günstiger, allgegenwärtiger und – vor allem – leichter nachahmbar und wiederholbar geworden ist

Universitätsmathematik

Mathematik, die sich oft nach Kräften müht, den Eindruck zu verstärken, dass das Fach esoterisch, abstrakt und trocken ist

unmathematische Mathematik

Mathematik ohne exakte mathematische Definitionen

verhunzte Mathematik

Schriften, in denen nicht zwischen absurden Anekdoten und brillanter Theorie unterschieden wird, die überflüssige Ziffern, falsche Rechnungen und Zahlen enthalten, die auf ein Resultat hingetrimmt sind

Weltanschauungsmathematik

Ausnutzen innermathematischer Diskussionen für politische Ziele, z. B. mit der Deutschen Mathematik

Wirtschaftsmathematik

Studiengang mit den Schwerpunkten Kalkulation, Normberechnung und Qualitätskontrolle

wissenschaftliche Mathematik

Gegenteil vom schulischen Rechnen

Mathematik ohne Zahlen

intuitive Abschätzung, die sich im Kopf abspielt

Mathematik-Analphabet

Mensch, der sich nicht mit Zahlen auskennt und daher früher oder später übers Ohr gehauen wird

Mathematik-App

Programm zum Lernen von Mathematik

Mathematikdidaktik

Didaktik, die sich seit der Gründung des Instituts für Didaktik der Mathematik im Jahr 1973 fortschreitend von der Mathematik entfernt hat und die heute faktisch den empirischen Bildungswissenschaften eingegliedert ist und in der Fachlichkeit kaum noch eine Rolle spielt

Mathematik-Kuh I

kleine Mataré-Bronze von 1946, die auf 12.000 Euro geschätzt wird (2004)

Mathematiklehrer

Vertreter der größten Gruppe im Heer der Mathematiker, die daran arbeiten, den Zugang zur Mathematik einfacher zu gestalten

bedauernswerter Mensch, der nicht nur mit den Vorgaben der Didaktiker und ihrer Moden geschlagen ist, sondern auch am Gängelband der Ministerialbürokratie operieren muss, die ihm Lehrpläne und Lernziele vorschreibt

Mathematik-Manie

Dominanz mathematischer Modelle in Wissenschaften, denen mehr Methodenvielfalt gewünscht wird, z. B. in der Ökonomie

Mathematik-Misere

Situation, dass Schüler das Schulfach Mathematik als täglichen Kampf empfinden

Mathematiknacht

von Schulen und Universitäten organisierter abendlicher Mathematikspaß

Mathematikolympiade

internationaler Mathematikwettbewerb für Schüler aus verschiedenen Ländern

Mathematikphobiker

Mensch, dem Mathe weh tut

Mathematik-Rentner

studierter Mathematiker, der sich im Ruhestand befindet und mathematische Forschung betreibt, ohne sich um seine Karriere mehr kümmern zu müssen

Mathematik-Star

öffentlich bekannter Spitzenmathematiker

Mathematikstudium

Intensivtraining im Formulieren sauberer Argumentationsketten

Schüler-Mathematikstudium

Mathematikunterricht für begabte Schüler an der Universität parallel zum Schulbesuch

Mathematikunkenntniskoketterie

typisch deutsches Phänomen, bei dem Menschen damit kokettieren, dass sie in der Schule immer schlecht in Mathe waren – und dass dennoch etwas aus ihnen geworden ist

Mathematikweg

Weg durch Jena auf dem Weg nach Kunitz mit 16 Stationen zu mathematischen Themen, u.a. einem Tisch mit dem Thema magische Quadrate

Mathematiker

jemand, der rechnen kann

Rechner, kühler Rechner, kühner Rechner

Rechenknecht und Visionär

Rechenkünstler, Zahlenkünstler, Zahlenpriester

Zahlenteufel

Universalist

gewiss kein Entertainer

Stuntman fürs Komplizierte

Analytiker, der komplizierte Probleme knackt

Wissenschaftler, dessen Tätigkeit vor allem extreme und lang andauernde Konzentration verlangt

Wissenschaftler, der mit derselben Ausdauer, mit der er seine Argumentationen aufbaut, auch nach Gegenbeispielen fahndet, die seine Hypothesen wieder zu Fall bringen können

Arbeiter im Weinberg der Mathematik

in höheren Sphären schwebender Denker

Eingeweihter

profaner Hohepriester, der eifersüchtig seinen speziellen Gral hütet, zurückgezogen lebt und einer Eigenbrötelei frönt, die an Misanthropie grenzt

Mensch, der zu seinem Verdruss nicht nur in der Literatur in der Regel als phantasieloser, verklemmter Rechenknecht und weltfremder Nerd in unmodischen Strickpullis erscheint, der mit seiner monströsen Spezialbegabung im Alltag und in der Liebe grandios scheitert

geistiger Tüftler, der in seiner Klause sitzt

vergeistigte Gestalt, die in streng logischen Gedankenwelten schwebt

Typ Mensch, bei dem es Genie und Wahnsinn und alles dazwischen gibt, vom irren und zerzausten Einsiedler bis zum Nadelstreifenbanker

Mensch, der intuitiv denkt und sich nach wahren Erkenntnissen sehnt

Mensch, dessen Besonderes die Fähigkeit ist, nackte Gedanken zu fassen

Wissenschaftler, der sich einer abstrakten Sprache bedient, die nur von Mathematikern verstanden werden kann

Mensch, der in einer Formelwelt lebt, die Normalmenschen unzugänglich bleibt

Wissenschaftler, der oft Schwierigkeiten hat, dem Laien zu vermitteln, an welchen Problemen er arbeitet

Wissenschaftler, bei dem der Gipfel der Produktivität am Beginn des zweiten Lebensdrittels liegt

Mensch, der an harten Nüssen zu knacken hat und in Demut lernt, dass der menschliche Geist beschränkt ist

bescheidener Mensch, weil er durch Misserfolge schnell seine Grenze erkennt

Mensch, der etwas mitbringt, das Praktikern fehlt, aber Unternehmen gut gebrauchen können

Mensch, der in vielen zahlenbasiert arbeitenden Branchen gesucht wird, etwa in Banken, Versicherungen, IT- und Software-Häusern

Mensch, der mit kühlem Blick die Welt betrachtet

Mensch, der in seinen Gedanken und Sätzen möglichst wenig Ballast mitschleppt

Forscher, der zur Arbeit kommt, wann er will, ausführlich mit seinen Kollegen redet oder sich in den Sessel setzt und den Wolken zuschaut, die vor seinem Fenster vorbeiziehen

Mensch, für den die Beschäftigung mit Mathematik lustvoll ist

Mensch, der nach dem Lesen eines Beweises leuchtende Augen hat

Mensch, der das höchste Glück empfindet, wenn er einen neuen Satz bewiesen hat

Wissenschaftler, dessen wesentliche Leistung nicht in Rechnungen, sondern in der Entwicklung von Konzepten als begrifflichen und axiomatischen Konstruktionen besteht, die den Fortschritt der Wissenschaft dokumentieren durch die Lösung von Problemen, die früher nicht zugänglich waren

Wissenschaftler, der seiner Zeit weit voraus ist, da das, was er heute erforscht, vielleicht in einigen hundert Jahren eine gesellschaftlich relevante Anwendung findet

Wissenschaftler, der es sich in Zeiten knapper Mittel nicht mehr leisten kann, im Elfenbeinturm zu sitzen, sondern gezwungen ist, die Nützlichkeit seiner Arbeit zu belegen

Wissenschaftler, der begriffen hat, dass er aus seinem Elfenbeinturm herausmuss, in dem er es sich allzu lange bequem gemacht hat

Mathematiker

Politiker, der Formeln und Virologen vertraut:

„Mathematiker kämpfen dagegen Pragmatiker. Die Mathematiker, an ihrer Spitze Angela Merkel, vertrauen Formeln und Virologen, weniger den Leuten auf der Straße. Die Pragmatiker hingegen, an ihrer Spitze Armin Laschet (und jetzt anscheinend auch Jens Spahn), wollen Verhaltensregeln vorgeben und relativieren dafür die Gebote der Virologen gegenüber den Nöten des Volkes."

Jasper von Altenbockum in „Mathematiker und Pragmatiker" (FAZ, 27.4.2020)

ausgebildeter Mathematiker

Mensch, der Mathematik studiert, dann aber etwas anderes aus seinem Leben gemacht hat

diskreter Mathematiker

Vertreter der diskreten Mathematik

dyonisischer Mathematiker

Mathematiker mit trunkener geistiger Fruchtbarkeit

z. B. Felix Hausdorff

ehemaliger Mathematiker

studierter Mathematiker, der in der mathematischen Forschung und Lehre aktiv war, dann aber einen anderen Beruf ergriffen hat

etablierter Mathematiker

Mathematiker, der wohl honoriert in Forschung und Lehre lebt, viel reist und intensiv den Kontakt zum internationalen Kollektiv pflegt

freiberuflicher Mathematiker

seltene Gattung eines Mathematikers, der nicht mehr an einer Universität oder Schule angestellt ist und auch sonst kein Angestellter einer Institution oder Firma ist und trotzdem Mathematik betreibt und veröffentlicht

Hobby-Mathematiker

Mensch mit nur unzureichender mathematischer Ausbildung, der falsche mathematische Behauptungen aufstellt, vor allem falsche Beweise großer mathematischer Probleme

Industriemathematiker

Angestellter in der Industrie, der sich mathematisch betätigt

klassischer Mathematiker

Mathematiker, dem der Einzug der Technik in die Mathematik schon dann Kopfschmerzen bereitet, wenn die neuen Mittel nur der Veranschaulichung oder beispielhafter Überprüfung von Vermutungen dienen

Klischee-Mathematiker

Mathematiker mit dicker Hornbrille, der im dunklen Kämmerchen sitzt und über mathematische Probleme brütet

Nichtmathematiker

mathematischer Laie, der sehr wohl die mathematische Ästhetik genießen kann, wie sich künstlerische bzw. musikalische Laien auch an einem Gemälde van Goghs oder an einer Sinfonie Beethovens erfreuen können

reiner Mathematiker

Mathematiker, der sein Metier um seiner selbst willen betreibt

Renaissance-Mathematiker

Mathematiker, der in der Renaissance mithalf, die Mathematik neu zu erfinden

richtiger Mathematiker

Mathematiker, der die Fehler von Hobby-Mathematikern glaubhaft aufdecken kann

Spitzenmathematiker

berühmter Mathematiker, der grundsätzliche und elegante Konzepte von weitreichendem Einfluss entwickelt und dafür eine oder mehrere hochdotierte Auszeichnungen erhalten hat

Techno-Mathematiker

Mathematiker, deren Arbeit erst
dann fertig ist, wenn die Mathematik unsichtbar geworden ist

theoretischer Mathematiker

Mathematiker, der Strukturen
untersucht, die weit entfernt von
praktischen Anwendungen sind

Typ Mathematiker, dem es meist
nicht gelingt, den Sinn und
Zweck seiner Forschung Nicht-
eingeweihten verständlich aus-
einanderzusetzen

Universal-Mathematiker

Mathematiker, der alle Gebiete
seiner Wissenschaft überblickt

Mathematiker vom Schlag eines
Euler oder Gauß

Mathematiker, dessen Zeit schon
lange abgelaufen ist

Wirtschaftsmathematiker

Mathematiker, nach denen
Unternehmer Schlange stehen

Mathematikerphilosoph der Antike

antiker Mathematiker, der Ab-
straktionsschritte im mathematischen Denken vollzogen hat, die
qualitativ hinter den Verallge-
meinerungen, Vergleichen und
Unterscheidungen der Moderne
nicht zurückbleiben

z. B. Diophant, Euklid, Apollonius
und Archimedes

Mathematikerglück

zündender Einfall nach langem
Umherdenken:

*„Plötzlich, völlig unerwartet,
hatte ich diese unglaubliche
Offenbarung. Es war so unbe-
schreiblich schön, es war so
einfach und so elegant' – mit
diesen Worten beschreibt
Andrew Wiles den Moment,
in dem er vor drei Jahren die
letzte Lücke in seinem Beweis
der berühmten Fermatschen
Vermutung schließen
konnte."*

Wolfgang Blum in „Formeln, Chips
und Sonderlinge" (Zeit, 5.12.1997)

Mathematiker-Mangel

ungedeckter Bedarf an Mathematikern in der Industrie

Mathematikerwitz

Art Witz, den Mathematiker nicht
mehr hören können:

*„Verirrt sich ein Ballonfahrer im
Nebel. Als er über eine Wiese
schwebt, sieht er unten einen
Mann und ruft ihm Hilfe suchend
zu: Können Sie mir sagen, wo
ich bin? Der auf der Wiese überlegt lange, schaut dann nach
oben und ruft: In einem Heiß-
luftballon! Pointe: Der Mann
auf der Wiese ist ein Mathematiker."*

Rico Czerwinski in „Im Griff der
Polyeder" (Tagesspiegel,
13.12.2000)

Mathematikum

Museum für Mathematik in Gießen und erstes mathematisches Mitmachmuseum der Welt:

„Auf 500 Quadratmetern kein verzweifeltes Grübeln, keine unschnallbaren Integrale, kein Variablendickicht, kein e hoch x, keine Wurzel aus minus eins. Stattdessen große, weite, lichte Räume, in denen selbst hyperaktive Schulklassen ihre kritische Masse verlieren. Hier muss keiner anderen auf die Füße treten, hier muss niemand die Brille aufsetzen, hier wird vorgeführt, wie Mathematik den karierten Heftchen entsteigen und sich von ihrer begreifbaren, erregenden Seite zeigen kann."

Wolfgang Blum in „Rätsel um Zwerg Nr. 15" (Zeit, 28.11.2002)

mathematisch

stichhaltig, nachvollziehbar

rechnerisch, abstrakt

einer eigenen, von der realen Welt unabhängigen und diese nur unzureichend widerspiegelnden Welt zugehörig

innermathematisch

nur den selbst gestellten mathematischen Problemen zugewandt

populärmathematisch

mathematisch, aber für alle interessant und verständlich

Mathematisches Forschungsinstitut Oberwolfach (MFO)

Institut, an dem die internationale Creme der Mathematik zusammenkommt, Teilnahme nur auf Einladung

Institut, in das jedes Jahr etwa 2500 Gäste zu Tagungen kommen

Institut, bei dem die Servietten mit den Namensschildern vor jedem Essen nach dem Zufallsprinzip vertauscht werden, was die Tischgespräche interessanter machen soll

Institut, das sieben Monate vor dem Ende des Zweiten Weltkriegs seine Arbeit aufnahm und zu Anbeginn nicht der reinen Wissenschaft gewidmet war, sondern dem Naziregime helfen sollte, mit Unterstützung durch die Naturwissenschaften den Krieg zu gewinnen

Mathematisierung

Einzwängen der Welt in ein symbolisches Korsett

Mathematisierung im Management

Vermessung der Welt mit Kennzahlen, um den Hebel zu finden, ein Unternehmen mit einem Ruck in die richtige Richtung bewegen zu können

moderne Mathesis

moderne Mathematik, die durch eine aus dem Fortschritt der gesellschaftlichen Arbeitsteilung seit der Renaissance erwachsene Unanschaulichkeit geprägt ist

Matrix

Tabelle, Raster mit Zeilen und Spalten

E8-Matrize

Matrize zur Beschreibung der Lie-Gruppe E8

Joseph Mauborgne (1881-1971)

Mathematiker, der bereits 1918 zusammen mit Gilbert Vernam einen Code entwickelte, der im Prinzip nicht zu knacken ist

James Maynard (*1987)

Fields-Preisträger von der Oxford University (2022)

Mathematiker, der sich besonders für die Lücken zwischen zwei aufeinanderfolgenden Primzahlen interessiert

Max-Planck-Institut für Mathematik (Bonn)

Winkel voller mathematischer Größen

deutsches Princeton

in den Jahren 1977/78 gegründetes Institut, das in Bonn-Beuel residiert und nur drei permanente wissenschaftliche Mitglieder hat, neben Friedrich Hirzebruch

Dan Zagier und Günter Harder, mit sechzehn Mitarbeitern, davon sechs Wissenschaftlern, aber stets mit mehr als zweihundert Gelehrten aus allen Erdteilen (1992)

Haus, in dem rund 60 Herren und zusätzlich ein paar Damen wie Spitzensportler im Grenzbereich menschlicher Leistungsfähigkeit turnen, gewissermaßen auf einem Schwebebalken in einem Kosmos voller Rätsel (1996)

Bonn-Beuler Institut, das ein Winkel im Weltdreieck mathematischer Forschung ist, dessen andere gleiche Winkel das Institute of Advanced Study in Princeton und das Institute des Hautes Etudes Scientifiques im Weichbild von Paris sind (1996)

Max-Planck-Institut für Mathematik in den Naturwissenschaften (Leipzig)

Institut, das dem Bedarf Rechnung trägt, aktuelle naturwissenschaftliche Fragestellungen in die Mathematik zu integrieren

Maxwell-Gleichungen

partielle Differenzialgleichungen aus dem Elektromagnetismus

Guerino Mazzola (*1947)

Jazzpianist, Komponist und Mathematikprofessor von der kanadischen Universität Laval in Quebec, der das weltweit erste

Computerprogramm entwickelt hat, mit dem musikalische Werke automatisch analysiert und interpretiert werden können (1996)

Simon McBurney (*1957)

englischer Regisseur und Schauspieler, der in dem Stück „A Disappearing Number" (deutsch: „Der Mann, der die Unendlichkeit kannte") die Entdeckung der Zahlenlehre als Theaterstoff probiert

Brendan D. McKay (*1951)

australischer Mathematiker, der im Jahr 2004 gemeinsam mit Ian Wanless die Anzahl lateinischer Quadrate 11-ter Ordnung ermittelt hat – eine unvorstellbar hohe Zahl mit 48 Stellen

Curtis T. McMullen (*1958)

Geometer und Chaosforscher

an der Harvard Universität lehrender Mathematiker, der 1998 für seine Beiträge zur komplexen Dynamik mit der Fields-Medaille ausgezeichnet wurde (1998)

Mathematiker, der die Objekte seiner Forschung in einer Galerie mit über dreißig ästhetischen mathematischen Gebilden zeigt, von denen manche wie zerklüftete Planeten, andere wie Schneeflocken oder Baumsilhouetten im Abendrot aussehen

Kurt Mehlhorn (*1949)

Saarbrücker Mathematiker und Koryphäe auf dem Gebiet der algorithmischen Geometrie

Mathematiker vom Max-Planck-Institut für Informatik in Saarbrücken, der berichtete, dass bereits mehr als 100 Beweise für eine Lösung des P-vs.-NP-Problems veröffentlicht wurden, bei denen allen mehr oder weniger schnell Fehler gefunden wurden (2022)

Menge

Zusammenfassung von Objekten unserer Anschauung oder unseres Denkens zu einem Ganzen (Cantor)

Cantor-Menge

Menge, die wie ein Strichcode anmutet:

„Sie entsteht im ersten Schritt durch das Entfernen des mittleren Drittels eines Intervalls zwischen 0 und 1. Dieser Prozess wird immer weiter fortgesetzt – bis ins Unendliche. Am Ende besteht die Cantor-Menge hauptsächlich aus Lücken. Ihre Länge ist daher null, obwohl sie unendlich viele Punkte enthält. So geht höhere Mathematik!"

Martin Koch in „Die Hierarchie des Unendlichen" (ND, 13./14.1.2018)

Fuzzy-Menge

unscharfe Menge

Menge, der die Elemente nicht eindeutig, sondern nur zu einem bestimmten Grad zugeordnet werden

fraktale Menge

Menge, die nicht durch algebraische Formeln beschrieben wird wie Kegel, Kugel oder Dreiecke, sondern durch rekursive Konstruktionsverfahren

Julia-Menge

fraktales Gebilde, das nach Gaston Julia benannt ist

Menge, deren Besonderes ist, dass sie chaotische Systeme darstellt und dabei diejenigen Parameter umfasst, die zum größten Chaos führen

recht esoterisches mathematisches Objekt, das Anfang des 20. Jahrhunderts entdeckt wurde

Mandelbrot-Menge

Menge, deren graphisches Abbild, das Apfelmännchen, fast jedes Schulkind kennt

Menge, die nach dem Begründer der fraktalen Geometrie benannt ist

faszinierend ästhetisch aussehendes Fraktal, das aus einer verblüffend einfachen Formel generiert wird

Ikone der fraktalen Geometrie

Aushängeschild der Chaosforschung

bizarre, sich bis ins Unendliche verästelnde Computergraphik

reizvolles Darstellungsmittel für dynamische Systeme

mathematische Struktur in der komplexen Zahlenebene, die mit einem Computer die Gestalt des Apfelmännchens einnimmt

R-Menge

Menge, die sich selbst als Element enthält:

„Ein Beispiel für diese seltsam anmutende Konstruktion ist ‚die Menge aller Objekte, die sich in genau dreizehn deutschen Wörtern beschreiben lassen' (bitte nachzählen)."

Wolfgang Blum in „Die Logik des Paradoxen" (Zeit, 19.12.1997)

Russell-Menge

Menge aller nicht selbstelementigen Mengen

Mengenlehre

Konzept, das den einheitlichen Aufbau fast aller modernen Gebiete der Mathematik mithilfe einiger weniger Grundprinzipien ermöglicht

Disziplin, die erst durch das enzyklopädische Werk der Bourbaki-Gruppe zur Lingua Franca der mathematischen Wissenschaften wurde

Theorie von den Teil- und Schnittmengen, den Ausschlüssen und Elementen

mit zerbeulten Kreisen abbildbare Theorie

Mathematik, die in den 1970-er Jahren viel Unheil an unseren Schulen anrichtete

Fuzzy-Mengenlehre

Beschreibung des Ungenauen auf genaue Weise

Karl Menger (1902-1985)

Wiener Mathematiker, der in den 20-er Jahren des 20. Jahrhunderts als Erster die Rundreise als mathematisches Problem ernsthaft formulierte

Kollege von Kurt Gödel, der nach dessen Beweis des Unvollständigkeitssatzes dessen Potential für intellektuelle Gespräche sofort sah:

„Dieses Resultat ist so grundlegend, dass es mich nicht wundern würde, wenn demnächst philosophisch orientierte Nichtmathematiker aufträten, welche sagten, dass sie nie etwas anderes vermutet hätten.' Und tatsächlich gehört Gödel, so wie sein Freund Albert Einstein, zum geläufigen Fundus gebildeter Konversation. Denn erstens ist alles relativ, und zweitens darf kein Kreter sagen, dass er lügt."

Karl Menger zitiert und kommentiert von Karl Sigmund in „Die Nazis kochten schlechten Kaffee" (FAZ, 18.8.1999)

Marin Mersenne (1588-1648)

französischer Mönch, nach dem die Mersenne-Primzahlen benannt sind

Stephen Mertens

Koautor des Buchs „The Nature of Computations"

Robert Merton (*1944)

amerikanischer Wirtschaftsmathematiker, der 1973 mit Fisher Black und Myron Scholes die Black-Scholes-Formel vorlegte, was ihnen stehende Ovationen der Broker an der Wall Street und 1997 den Nobelpreis für Ökonomie einbrachte

Meshuggah

Band, die seit Jahrzehnten versucht, Musik und Mathematik wieder zu vereinigen (2016)

Band, die Stücke spielt, die eher errechnet als komponiert worden sind

schwedische Band, durch dessen musikalisches Prinzip die enge Verbindung von Mathematik und Metal offensichtlich wird:

„Für Meshuggah ist Musik wieder eine der sieben freien Künste, neben Algebra und Geometrie. Einer zählt bis drei, einer bis vier, einer bis sieben und einer bis zwölf. Bei 84 treffen sie sich."

Benjamin Moldenhauer zitiert Michael Pilz in „Die neuen Sphären des Metal" (ND, 22.4.2022)

Messstab

Instrument, das ganze Zahlen liefert

Metrik

Maß für Abstände

metrisch

mit einer Metrik versehen

Preda Mihailescu (*1955)

in Paderborn tätiger rumänischer Mathematiker, der die Catalansche Vermutung bewiesen hat (2002)

Milleniumsprobleme

berühmte Liste von 23 Problemen, die der Mathematiker David Hilbert auf einem Kongress in Paris im Jahr 1900 vorstellte

Liste mit 18 mathematischen Jahrhundertproblemen, die Steven Smale zum vergangenen Milleniumswechsel formulierte

die sieben größten mathematischen Rätsel, die vom Clay Mathematics Institute im Jahr 2000 aufgelistet wurden

Milliarde

Metapher für riesengroß

Minimalfläche

Fläche mit kleinstem Flächeninhalt

Fläche, die z. B. entsteht, wenn man Drahtschlingen in Seifenlauge taucht und sich je nach Form der Schlinge unterschiedliche Formen der Seifenlamellen ausbilden

Prinzip, das durch Seifenblasen gezeigt wird, deren Seifenhaut sich immer so ausbildet, dass die Gesamtfläche, die sie bedeckt, möglichst klein ist

Typ Fläche, die seit mehr als 100 Jahren im Blickpunkt der differentialgeometrischen Forschung steht

Minimierung

klassische Aufgabe der Variationsrechnung

Minus

Abtragung von Material

fettes Minus

hohes handelsrechtliches Defizit

Renato E. Mirollo

Mathematiker vom Boston College, dem es zusammen mit Steven H. Strogatz mithilfe einer Computersimulation gelungen ist, den Beweis von Peskin auf beliebig viele identische Oszillatoren auszudehnen und dessen Vermutung zu beweisen

Maryam Mirzakhani (1977-2017)

iranische Mathematikerin, die als erste Frau die Fields-Medaille erhalten hat

iranische Mathematikerin, die 2014 als erste Frau und erste Iranerin mit der Fields-Medaille geehrt wurde und über die mathematische Arbeit sagte: „Mathematik zu betreiben ist meistens eher so, wie ohne Pfad auf einer langen Wanderung unterwegs zu sein, ohne dass ein Ende in Sicht ist."

Richard von Mises (1883-1953)

österreichischer Mathematiker, der in der ersten Hälfte des 20. Jahrhunderts Folgen von Zufallszahlen mithilfe der fehlenden Vorhersehbarkeit zu verstehen versuchte

Gösta Mittag-Leffler (1846-1927)

schwedischer Mathematiker, für den einem Gerücht zufolge Alfred Nobel von seiner Geliebten Sonya Kowalevski verlassen wurde, weshalb der gekränkte Wissenschaftler später die Mathematik vom Nobelpreis enterbt hat

Möbiusband

verwickelte Fläche mit nur einer Seite

mathematisches Modell

reduzierte Beschreibung der Wirklichkeit, die es uns idealerweise erlaubt, Ergebnisse zu extrapolieren

mathematischer Modellbegriff

Modellbegriff, der Modelle mit Strukturen identifiziert, die in einem bestimmten formalen Abbildungsverhältnis zu Strukturen in der Welt stehen

modellieren

mit mathematischen Gleichungen beschreiben

Modulorechnung

Rest nehmen nach einer Division

Theorie der Modulräume

mathematische Beschreibungsweise, mithilfe derer beispielsweise die Eigenschaften hyperbolischer Flächen einfacher studiert werden können

Kathrin Möllenhoff (*1989)

Juniorprofessorin am Mathematischen Institut der Heinrich-Heine-Universität Düsseldorf (2022)

Mathematikerin, der es ein wichtiges Anliegen ist, Mädchen selbstbewusster zu machen, sodass sie sich das Mathematik-Studium zutrauen

Satz von Monsky

Erkenntnis, dass die Zerlegung eines Quadrats in eine ungerade Anzahl von Dreiecken gleicher Fläche unmöglich ist

Monster

größte der sporadischen Gruppen, deren Anzahl der Elemente sich nur mit einer 55-stelligen Zahl ausdrücken lässt

Menge, die so verrückt ist, dass man sie verbieten wollte

mathematische Struktur, bei der die reine Anschauung aufs Glatteis führt:

*„Bevor die erste sogenannte Mandelbrot-Menge (als ihr Prototyp gilt das ‚Apfelmännchen')
einen Computerbildschirm schmückte, konnte sich niemand eine in keinem Punkt differenzierbare Kurve – also eine durchgezogene Linie, die an keiner Stelle glatt ist – vorstellen. Dennoch lassen sich solche mathematische Monster konstruieren."*

Wolfgang Blum in „Das Ende des Beweises" (SZ, 7.4.1994)

Monte-Carlo-Methode

Name für Verfahren, die sich auf Zufallszahlen stützen

Methode, die heute stochastische Ideen bei der Simulation von Molekülverhalten für die Chemie verwendet oder der Hochfinanz beim dauernd vom Chaos bedrohten Selbstverständnis hilft

Verfahren, mit dem sich die Gruppendynamik von Teilchen auf Computern simulieren lässt

Hugh Montgomery (*1944)

Mathematiker, der bei einem Nachmittagstee mit dem Physiker Freeman Dyson feststellte, dass die Abstände zwischen den Nullstellen der Zeta-Funktion genauso aussehen wie die Abstände zwischen den Energieniveaus in quantenchaotischen Systemen

Monty-Hall-Dilemma

Frage, mit der Marylin vos Savant 1991 weltberühmt wurde und die eine ungeheure Diskussion auslöste, auch in anderen Ländern, wo in der Presse darüber berichtet wurde:

„[…] nehmen wir an, ich bin in einer Gameshow und kann zwischen drei Toren wählen. Hinter einem Tor ist ein Auto, hinter den anderen Ziegen, also Nieten. Ich wähle ein Tor, sagen wir Nummer eins, und der Moderator, der weiß, was hinter den Toren ist, öffnet ein anderes Tor, sagen wir Nummer drei, das eine Ziege enthält. Er fragt mich: ‚Möchten Sie nun Tür Nummer zwei öffnen?' Ist es für mich von Vorteil, meine Entscheidung für Nummer eins zu revidieren?"

Ernst Horst in „Im Land der Mathemagie" (FAZ, 11.10.2000)

Moonshine-Vermutung

Vermutung, bei der es um Zusammenhänge zwischen mathematischen Gruppen mit elliptischen Funktionen geht

von Borcherds bewiesene Vermutung, an der die Mathematiker schon seit den 70-er Jahren geknobelt hatten und bei der es um ein Objekt mit dem Namen Monster-Gruppe geht

Christopher Moore (*1986)

Mathematiker, der gemeinsam mit Stephan Mertens in ihrem Grundlagenwerk „The Nature of Computation" (2011) sagt, dass das P/NP-Problem fundamentaler sei als alle anderen Clay-Preisprobleme zusammen:

„Kugeln, Turbulenzen und Elementarteilchen sind zwar wichtige mathematische und physikalische Objekte, die uns vor tiefe und schwierige Probleme stellen. Aber die P/NP-Frage handelt von der Natur des Problemlösens selbst."

Christopher Moore zitiert von Dietmar Dath in „Das Problem aller Probleme" (FAZ, 27.3.2018)

Andrew Moran

Mathematiker, der gemeinsam mit Pritchard und Thyssen die erste arithmetische Primzahlfolge mit 22 Gliedern entdeckte

Mordellsche Vermutung

Vermutung, dass auf bestimmten algebraischen Kurven nur eine endliche Zahl von Punkten mit rationalen Koordinaten liegen kann

Vermutung, die Mordell schon vor mehr als 70 Jahren vermutet, aber erst Faltings hieb- und stichfest bewiesen hat

Frank Morgan

Mathematiker vom Williams College in Williamstown/Massachusetts, der gemeinsam mit Michael Hutchings, Manuel Ritoré und Antonio Ros das Doppel-Blasen-Problem bewies (2000)

Oskar Morgenstern (1902-1977)

Erfinder der Spieltheorie

Frank Morley (1860-1937)

Mathematiker, der 1899 einen Satz über Dreiecke ausgesprochen hat, der den griechischen Mathematikern der klassischen Zeit entging

Morleys Satz

Erkenntnis, dass in einem beliebigen Dreieck die Schnittpunkte der Geraden, die die Winkel dreiteilen, ein gleichseitiges Dreieck bilden

Morphismus

Verfahrensweise, die ein Objekt in ein anderes wandelt

mathematischer Mozart

Wunderkind der Mathematik

Sandra Müller (*1990)

Mathematikerin, die an den Grundfesten ihres Fachs rüttelt und sich der Erforschung von großen Kardinalzahlen widmet

Mathematikerin, die sich - erst an den Universitäten Münster und Wien, seit einem Jahr an der TU Wien - den offenen Fragen um nicht beweisbare Aussagen widmet (2022)

Mathematikerin am Institut für Diskrete Mathematik und Geometrie der TU Wien, die die theoretische Basis der Mathematik erweitern möchte (2022)

Mathematikerin, die zwei verschiedene Ansätze enger miteinander verknüpft: große Kardinalzahlen und das Determiniertheitsaxiom

tödliche Multiplikation

Ausbreitung von ansteckenden Krankheiten wie Covid-19, die für eine Vielzahl von Menschen tödlich verläuft

Multiplizierer

Chip, der innerhalb eines einzigen Taktes eine Matrize multiplizieren und addieren kann

David Bryant Mumford (*1937)

Mathematikprofessor von der Brown University, USA, der bekennt, dass die Kommunikation auch unter Mathematikern immer schwieriger werde, da die mathematischen Abstraktionen immer tiefgehender entwickelt werden (1998)

Präsident der Internationalen Mathematischen Union, der Simon Singhs Buch mit Wiles' Geschichte für eine Wohltat hält: „Wir haben sonst eine schlechte Lobby" (1998)

Museumsproblem

von Steve Fisk bewiesene Behauptung, dass für jedes Museum mit n geraden Wänden $\lfloor n/3 \rfloor$ schwenkbare Videokameras genügen, damit jeder Punkt des Museums im Blickfeld von mindestens einer Kamera liegt

Null

n

beliebige Zahl

Problemgröße

⌊n/3⌋

ganzzahliger Anteil von n/3, z. B. 3 bei n=11 und 100 bei n=301

Big-Brother-Formel gegen tote Winkel

Lösung des Museumsproblems

N

System der natürlichen Zahlen

Kai Nagel (*1965)

Mathematiker von der Eidgenössischen Technischen Hochschule Zürich, der bei dem Projekt „all-Switzerland" das gesamte Straßennetz der Schweiz in einem Computer in Einem speichert und die Bewegungen der Autos durch voneinander unabhängige Teilchen beschreibt, von denen sich bis zu einer Million durch das virtuelle Straßennetz bewegen (2001)

John Napier (1550-1617)

Lord John Napier of Merchiston

Schotte, der im 17. Jahrhundert die erste Multiplikationshilfe erfand

schottischer Gutsbesitzer, der die Logarithmen entwickelte

Erfinder von digitalen Rechenstäben, die zur Multiplikation und Division dienten

n hoch n hoch n hoch n hoch n hoch n

Obergrenze an Teilungs- und Auswahlschritten des neidfreien Protokolls von Haris Aziz und Simon MacKenzie:

„Will eine beliebige Zahl von Menschen (n) eine Pizza aufteilen, sind sehr viele Teilungs- und Auswahlschritte erforderlich. Die Obergrenze an Schritten liegt bei n hoch n hoch n hoch n hoch n – eine Zahl, die bei vier Menschen schon 617 Ziffern lang ist. Immerhin kann die Gruppe aber schon zu Anfang sicher sein, dass sie nicht mehr als diese Schritte brauchen wird. Damit hat der Algorithmus der Konkurrenz einiges voraus: Keines der bisher bekannten Teilungsverfahren für eine beliebige Menschenanzahl besitzt nämlich eine solche Schranke."

Andreas Loos in „Mit Mathe gegen Neid" (Zeit, 28.10.2016)

John Forbes Nash Jr. (1928-2015)

amerikanischer Spieltheoretiker und Nobelpreisträger von der Universität Princeton

begnadeter Mathematiker, der schizophren war und dessen Leben in „A Beautiful Mind" frei verfilmt wurde

Nash-Gleichgewicht

Lösung in einem Spiel, bei der die Erwartungen aller Mitspieler erfüllt werden, obwohl sie nicht optimal ist, z. B. beim Gefangenendilemma

Natur

etwas, das für die Mathematik immer zu schwer ist:

„‚Grundsätzlich ist mein Standpunkt der, dass die Natur für die Mathematik immer zu schwer ist.' Ein solcher Satz aus dem Mund des Direktors eines Mathematischen Instituts stimmt nachdenklich.“

Thomas de Padova zitiert und kommentiert Jürgen Sprekels in „Mathematik, die Ressourcen spart" (Tagesspiegel, 22.12.1997)

Navier-Stokes-Gleichungen

Gleichungen, die aus dem 19. Jahrhundert stammen und Turbulenzen in Flüssigkeiten und in der Luft beschreiben

Gleichungen, denen alle Strömungsphänomene gehorchen

partielle Differentialgleichungen in der Strömungslehre

Gleichungen, die turbulente Vorgänge in der Strömungslehre beschreiben und deren Lösung eines der sieben Fundamentalprobleme der Mathematik mit einem Preisgeld von einer Million Dollar ist (2018)

neidfrei

so gerecht, dass sich niemand beschweren kann, dass jemand anders bevorteilt wurde

neidfreies Protokoll

Algorithmus, mit dem man Güter so aufteilen kann, dass sich keiner benachteiligt fühlt

kleinster gemeinsamer Nenner

minimale gemeinsame Position politischer Akteure, denen sich alle Beteiligten anschließen können, um überhaupt eine Entscheidung zu erreichen

neuronales Netz

eine Art künstliches Gehirn

Computersystem, das den Funktionsprinzipien biologischer Nervensysteme nachempfunden ist

Netz aus einer Anzahl Knoten, die untereinander in Verbindung stehen

Netz aus vielen verschiedenen Schichten miteinander verbundener künstlicher Neuronen

Netz, das aus Elementen besteht, die über Synapsen verdrahtet sind, welche unterschiedliche Stärken haben können, wobei jedes Element, auch Netzknoten genannt, ziemlich primitiv ist und ein einkommendes Signal summiert, mit dem Schwellwert vergleicht und dann entweder mit Ja oder Nein antwortet

vom Gehirn inspiriertes Rechenverfahren, mit dem sich Prognosen erstellen und komplizierte
Prozesse modellieren lassen

Netz mit der Fähigkeit der
Mustererkennung

John von Neumann (1903-1957)

Mathematiker, der am Institute
for Advanced Study in Princeton
arbeitete

amerikanischer Mathematiker,
der 1944 zusammen mit Oskar
Morgenstern mit einem bahnbrechenden Aufsatz die Spieltheorie in die Wirtschaftswis-
senschaft einführte

Erfinder der Spieltheorie

Computer-Vordenker

amerikanischer Mathematiker,
auf den das Prinzip der zellulären
Automaten zurückgeht

Mathematikgenie, das die
Transformation der Wissenschaften durch Digitaltechnik
und Computer kommen sah

einer der bedeutendsten
Mathematiker des 20. Jahrhunderts, der gefordert hat,
dass die moderne Mathematik
die Einbringung mehr oder
weniger direkt aus der Empirie
stammender Ideen als verjün-
gende Rückkehr zur Quelle,
ja als Heilmittel betrachten solle

Helmut Neunzert (*1936)

Kaiserslauterner Professor und
Pionier der Industriemathematik
(1992)

Mathematiker, Professor an der
Universität Kaiserslautern und
Leiter des Zentrums für Praktische Mathematik, das sich an
Industriebetriebe wendet, immer
auf der Suche nach Problemen,
die sich als mathematisch
entpuppen könnten (1995)

bekanntester unter den praxis-
orientierten Mathematikern in
Deutschland und Direktor des
Instituts für Techno- und Wirt-
schaftsmathematik (itwm) in
Kaiserslautern (1997)

Nevanlinna-Preis

Preis für herausragende Arbeiten
auf dem Gebiet der Theoretischen Informatik

Auszeichnung für Theoretische
Informatik, die vom Renommee
her mit einem Nobelpreis
vergleichbar ist

New Horizons in
Mathematics Prize

Mit 100.000 Dollar dotierte
Junior-Variante des drei
Millionen Dollar schweren
Breakthrough Prize in
Mathematics

Simon Newcomb
(1835-1909)

hoch angesehener und kreuz-
braver amerikanischer Mathematiker und Astronom, der 1835
in Nova Scotia geboren wurde
und dessen Berechnungen der
Planetenbahnen als Standard
galten, da kleinste Abweichungen, etwa beim Merkur, sich
später nur durch Einsteins
Relativitätstheorie erklären
ließen

Mathematiker und Astronom,
der 1881 über das sonderbare
Phänomen berichtete, dass die
vorderen Seiten von Logarithmentafeln abgegriffener sind
als die hinteren, woraus er
schloss, dass Zahlen, die mit
einer kleinen Ziffer beginnen,
bei den Berechnungen häufiger
vorkommen als Zahlen, an
deren erster Stelle eine große
Ziffer steht

Sir Isaac Newton
(1642-1726/7)

Mathematiker, der etwa gleichzeitig wie Gottfried Leibniz die
Differential- und Integralrechnung entwickelt hat

Wissenschaftler und Mathematiker, der eine Reihe grundlegend
neuer Formeln für Pi aufstellen
konnte

ansonsten genialer Mathematiker, der einst das Weltunter-
gangsjahr für genau 1867
berechnete

Newton-Verfahren

Verfahren, mit dem Näherungs-
lösungen für Gleichungen
ermittelt werden können

Thomas Nicely (1943-2019)

amerikanischer Mathematiker,
der auf ein Problem von
Pentium-Prozessoren stieß,
als er bestimmte Primzahlen
berechnen wollte

Mathematiker, der demonstriert
hat, dass Probleme aus der
reinen Mathematik geeignet
sind, den Entwurf von Prozessoren zu prüfen, weil sie häufig
sehr rechenintensiv sind

mathematischer
Nichtschwimmer

Mensch ohne
Mathematikkenntnisse

Horst Niemeyer (1931-2007)

Mathematiker, der das Verfahren
von Hare zur Ermittlung der Zahl
von Abgeordneten für die Parteien in Deutschland einführte

Emmy Noether (1882-1935)

Mathematikerin, der die moderne Physik ihre bisher tiefste Einsicht verdankt, den Zusammenhang zwischen Erhaltungssätzen
und Symmetrien

berühmte deutsche Mathematikerin, die sich 1920 als eine der
ersten Frauen in Deutschland
habilitiert hatte

Normierungsvorschrift

Vorschrift, die sicherstellt, dass wirklich nur das Vergleichbare verglichen wird

Fairnessbedingung

Martin Nowak

Augenchirurg und Hobby-Mathematiker, der 2005 in Michelfeld bei Stuttgart die größte damals bekannte Primzahl gefunden hat

NP

nicht-deterministisch polynomial

Klasse der schwierigen Probleme, die sich nach heutigem Wissen nicht in polynomialer Zeit lösen lassen

Klasse von Problemen, bei denen man leicht überprüfen kann, ob die Lösung, wenn man denn eine hat, auch wirklich eine ist

Komplexitätsklasse, die alle Probleme umfasst, für die eine Lösung mit einem effizienten Algorithmus überprüft werden kann, wobei zum Lösungsweg, der durchaus schwer sein kann und nicht effizient sein muss, keine Aussage gemacht wird

NP-Problem

Problem, das bislang nur mit exponentiellem Rechenaufwand gelöst werden kann

schweres Problem, bösartiges Problem

Problem, bei dem die Laufzeit des Lösungs-Algorithmus exponentiell oder wie die Fakultät von n wächst

Problem, für das es noch keinen polynomiellen Algorithmus gibt

Problem, das im Falle der Lösbarkeit durch ein geeignetes Rateverfahren auf ein einfaches Problem (Typ P) zurückgeführt werden kann

z. B. das Problem des Handlungsreisenden

NP-vollständiges Problem

Problem aus einer interessanten und auch schwierigsten Untergruppe der NP-Probleme

NP-Problem, bei dem der Nachweis, dass sie sogar vom Typ P sind, sämtliche NP-Probleme zu P-Problemen machen würde

schwieriges Problem, bei dem die meisten Experten nicht an eine effiziente Lösung glauben, da schon viele Wissenschaftler lange ohne Erfolg danach gesucht haben

Null

Zahl, mit der die Mathematik dem Nichts Konsistenz gegeben hat

Zahl, die im römischen und griechischen Zahlensystem nicht vorgesehen war

Zahl ohne Wert

magisches kleines Oval

Zwilling der Unendlichkeit

geheimnisvolle Zahl

Zahl, ohne die wir nicht rechnen könnten

Zahl, ohne die nicht nur die gesamte höhere Mathematik undenkbar wäre, sondern auch unser Computersystem

Zahl, die am Anfang gar nicht vorhanden war, danach war sie eine Art Platzhalter, und danach wurde sie zu dem, was sie heute ist

ein Nichts, das sich im Laufe der Jahrhunderte zu einem der wichtigsten Konzepte der Mathematik entwickelt hat

Grenze zwischen dem, was man hat, und dem, was fehlt

etwas, das da ist, um zu zeigen, dass nichts da ist

das prominenteste Nichts überhaupt:

„Oder nehmen wir die Erfindung des prominentesten Nichts überhaupt: die der Null. Zunächst war sie nur eine unbesetzte Stelle im indischen Zahlensystem, gewissermaßen ein Punkt in einer Lücke, eine leere Schachtel, bis jemand auf die Idee kam, mit diesem Nichts zu rechnen."

Jürgen Kaube in „Ex nihilo"
(FAZ, 31.3.2020)

Null

Anfang, Anfangspunkt

Balancepunkt zwischen Vergangenheit und Zukunft:

„In der modernen westlichen Kultur dagegen hat sich, den sichtbaren Zyklen der Natur zum Trotz, die Idee einer linear fortschreitenden Zeit breit gemacht. Einer Zeit, in der man jeden Morgen in dem Bewusstsein aufwachen kann, an der Speerspitze der Geschichte zu leben. Die Null ist dabei der Balancepunkt, von dem aus sich der Blick in die Vergangenheit und in die Zukunft weitet. Sie ist nur noch der Anfangspunkt. Mit den Worten des Philosophen Joseph Needleman gesprochen: ‚Amerika ist das Land der Null. Von null mit nichts beginnen: Das ist die Idee Amerikas.'"

Thomas de Padova in „Am Tag Null regiert die Todesangst" (Tagesspiegel, 14.3.2000)

absolute Null

Symbol bilanziell klimaneutralen Wirtschaftens

dynamische Null

Zahl, die auch kleine Werte annehmen kann, die nicht null sind

grüne Null

Symbol für einen soliden Haushalt für folgende Generationen

Nettonull

Ausstoß von Treibhausgasen in einem Umfang, der vom Ökosystem kompensiert werden kann

Klimaneutralität

rote Null

ausgeglichener Haushalt mit der Tendenz zu Mehrausgaben

schwarze Null

Haushalt ohne neue Schulden

Fetisch einer sparsamen, konservativen Finanzpolitik in Zeiten hoher Steuereinnahmen

Urnull

Platzhalter bei den Sumerern in Form von zwei kleinen schräg liegenden Keilen

Nullstellenjagd

Berechnung von immer mehr Nullstellen der Zeta-Funktion mithilfe von Supercomputern

Nulltag

Tag, den die Mayas an den Beginn ihrer Monate gesetzt haben

Tag, an dem sich der Gott der Vormonats verabschiedete und Platz machte für den Gott des nächsten Monats

Nullwerdung

Prozess der allmählichen Entsagung von allem

Nullzeit

wirtschaftlich sehr unbefriedigende Situation, in der das Wirtschaftswachstum nahe null, die Inflationsrate nahe null und die Zinsen ebenfalls nahe null liegen

Numeriker

Experte für die Lösung mathematischer Gleichungen mithilfe von Computern

Numerologe

Zahlenmystiker, der an Gesetze glaubt, mit denen man aus dem Namen oder dem Geburtstag eines Menschen seinen Charakter oder seine Zukunft berechnen kann

Numerologie

Zahlen-Magie

Richard N. Nyons (*1945)

Mathematiker von der Rutgers Universität (US-Bundesstaat New Jersey), der zusammen mit Ronald M. Solomon die Revision des Beweises der Klassifikation der endlichen einfachen Gruppen koordiniert (1997)

Oktaeder

Oberwolfach

kleiner Ort im mittleren Schwarzwald, der Mathematikern in aller Welt ein Begriff ist, da jedes Jahr etwa 2500 Gäste zu Tagungen in das dort gelegene Mathematische Forschungsinstitut kommen

mathematisches Objekt

Objekt, über das debattiert wird, ob es schon immer da war oder von Mathematikern durch Definitionen konstruiert ist

Wilhelm von Ockham (1288-1347)

Philosoph, Theologe und Politologe, der sagte: „Von allen möglichen Erklärungen für ein und denselben Sachverhalt ist die schlichteste und naheliegendste den anderen vorzuziehen."

Ockhams Rasiermesser

rigoros rationales Herangehen

Oktaeder

platonischer Körper aus acht Dreiecken

Operation

z. B. Vereinigung und Schnittmenge

Symmetrieoperation

Operation wie Drehen oder Spiegeln

elementare geometrische Operation

Operation wie Drehungen, Spiegelungen und Verschiebungen

kombinatorische Optimierung

Methode, um konkrete Computerprogramme anzugeben, die Probleme wie das des Handlungsreisenden lösen

Mehrkriterienoptimierung

Optimierung, die nicht auf ein einziges Ziel hin getrimmt, sondern ausgewogen angelegt ist

Cathy O'Neill (*1972)

Mathematikerin, die in ihrem Buch „Angriff der Algorithmen" erklärt, was geschieht, wenn in immer mehr Lebensbereichen die Ergebnisse algorithmischer Berechnungen die Entscheidungen bestimmen

Origami-Lehre

Teilgebiet der algorithmischen Geometrie

Claus Peter Ortlieb (1947-2019)

Mathematiker, der auf die Frage, warum das Umsichwerfen mit Zahlen den Eindruck von Kompetenz erwecke, sagte, dass bei Zahlen zumindest die Fiktion der Nachprüfbarkeit bestehe

Stanley Osher (*1942)

Professor für angewandte Mathematik an der University of California in Los Angeles und einer der Ersten, die die Marktlücke für Mathematiker in Hollywood erkannt haben (1999)

William Oughtred (1574-1660)

Theologe und Mathematiker, der 1621 den ersten Rechenschieber präsentierte, der diesen Namen durch das Funktionsprinzip verdiente

Pi

P

Klasse der P-Probleme

Komplexitätsklasse, zu der alle Probleme gehören, die von einem effizienten Algorithmus gelöst werden können

P-Problem

Problem vom polynomialen Typ

leichtes, zahmes, gutartiges Problem

polynomiell lösbares Problem

Problem, für das ein Verfahren bekannt ist, das die Lösung im Falle von k Eingangsziffern in höchstens k^r Rechenschritten liefert, wobei r irgendeine natürliche Zahl sein kann, die nicht von den konkreten Ziffern abhängt

Problem, zu dessen Lösung ein polynomialer Algorithmus bekannt ist

z. B. den richtigen Schlüssel in einem Schlüsselbund zu finden oder den schnellsten Weg auf einer Straßenkarte zu finden

P/NP-Problem

Frage, ob P gleich NP ist oder nicht

Frage, ob es ein Problem gibt, das erwiesenermaßen nicht vom Typ P, wohl aber vom Typ NP ist

Problem, das eine Frage aufgreift, die Anfang der 1970-er Jahre von Stephen Cook und Leonid Levin formuliert wurde: Sind die Probleme in P und in NP identisch?

Problem aus der Komplexitätstheorie

Problem aus der Optimierungstheorie

größtes Rätsel der theoretischen Informatik

das fundamentalste aller Clay-Preisprobleme

Frage, die von der Natur des Problemlösens selbst handelt

Problem, das die prinzipiellen Grenzen unserer intellektuellen Möglichkeiten betrifft und zugleich mit handfesten Fragen zu tun hat, etwa damit, ob Geheimcodes – von Kreditkarten zum Beispiel – wirklich so resistent gegen Entschlüsselung sind wie gemeinhin angenommen

Frage, ob die NP-Probleme tatsächlich immer nur entweder mit extrem viel Glück oder einem gigantischen Rechenaufwand zu lösen sind oder ob sie vielleicht doch nur einfache P-Probleme sind und man nur noch nicht das richtige Rechenverfahren gefunden hat

eine der spannendsten offenen Fragen in der Mathematik:

„Fast alle Mathematiker wetten darauf, dass P und NP ungleich sind, sonst gäbe es keine schwierigen Probleme mehr. Aber auch diese Wette wird man vielleicht niemals beweisen können."

Bernhard Korte zitiert von Fritz Jörn in „Mit den ‚Bonn-Tools' werden nicht nur Apple-Prozessoren aufgebohrt" (FAZ, 27.1.2004)

P=NP-Welt

Welt, in der alle scheinbar schwierigen Probleme nur einfache sind

hexagonale Packung

gleichseitiges Dreieck

Packung mit einer mittleren Dichte von etwas mehr als 74 Prozent

kubisch-flächenzentrierte Packung

dichteste Kugelpackung im Raum

Packung mit einer mittleren Dichte von etwas mehr als 74 Prozent

Pyramide mit quadratischer Grundfläche

Kanonenkugel-Packung

Parametrisierung

gedanklicher Scheinwerfer, mit dem man eine Kurve bis in den letzten Winkel hinein ausleuchten kann

Parallelen

Geraden, die Seite an Seite laufen, sich aber wenigstens im Unendlichen berühren

Parkettierung

Pflasterung

regelmäßige Muster, die ineinander greifen und die Ebene lückenlos überdecken

periodische Wiederholung von Grundmustern, die zur lückenlosen Überdeckung einer Fläche führt

archimedische Parkettierung

archimedische Pflasterung

Pflasterung, in der verschiedene regelmäßige Fliesen kombiniert werden – nämlich Drei-, Vier-, Acht- und Zwölfecke – und von der es elf gibt

Penrose-Parkettierung

ein immer weiter fortsetzbares Muster ohne Wiederkehr aus zwei Kachelformen

Frucht einer Entdeckung Penroses aus dem Jahr 1973

periodische Parkettierung

periodische Pflasterung der Ebene

Auslegen der Ebene mit einem regelmäßigen Muster von Fliesen

Muster aus Mosaiksteinchen, mit denen sich die Ebene so verfliesen lässt, dass es eine Verschiebung, Drehung oder Spiegelung der Ebene gibt, die das Muster mit sich selbst zur Deckung bringt

aperiodische Parkettierung

Parkettierung, die durch Parallelverschiebung nie mit sich selbst zur Deckung zu bringen ist:

„Dass es Derartiges überhaupt gibt, hatte 1964 der amerikanische Mathematiker Robert Berger in seiner Dissertation bewiesen. Damit widerlegte er die Vermutung seines Doktorvaters, des Logikers Hao Wang, der zufolge man mit jedem Satz endlich vieler Kachelformen, mit dem sich eine ebene Fläche überhaupt lückenlos pflastern lässt, dieses nur periodisch tun könne. Berger fand ein Gegenbeispiel, allerdings umfasste es 20426 Fliesentypen. Er konnte die Zahl zwar noch auf 104 senken, und andere Forscher fanden später Systeme aus 92 und schließlich nur sechs Fliesenformen, doch erst Penrose erkannte, dass lediglich zwei reichen."

Ulf von Rauchhaupt in „Unendlicher Spaß mit Kacheln" (FAZ, 8.8.2021)

platonische Parkettierung

Pflasterung aus lauter Dreiecken, Quadraten oder Sechsecken

Blaire Pascal (1623-1662)

Franzose, der mechanische Ideen für Rechenmaschinen lieferte

mathematisches Genie, das durch die Notlage von Glücksspielern dazu inspiriert wurde, die Wahrscheinlichkeitstheorie zu formulieren

schwermütiges Junggenie mit magischem Zahlendreieck

Mathematiker, der sagte, dass die Mathematik derart ernst sei, dass man keine Gelegenheit versäumen sollte, sie unterhaltsamer zu gestalten

Dietrich Paul

promovierter Mathematiker und Kabarettist, der Piano Paul genannt wird und Pisa, Bach und Pythagoras in Einklang bringt (2016)

John Allen Paulos (*1945)

US-amerikanischer Mathematiker und Autor des Buches „Innumeracy" (Zahlenblindheit), für den das Fehlen mathematischer Grundkenntnisse zu einem Problem der Demokratie wird

Pavlov-Strategie

Spielstrategie, deren Name auf den russischen Psychologen Iwan P. Pavlov zurückgeht und die einfache Lernregel verkörpert, genau das Verhalten beizubehalten, das beim letzten Mal von Erfolg gekrönt war

Giuseppe Peano (1858-1932)

Mathematiker, der die Frage „Wie etwa ist Addieren möglich?" beantwortete:

„1889 veröffentlicht Guiseppe Peano als Antwort seine fünf Elementarsätze der Arithmetik: Also Null ist eine Zahl; auf jede Zahl folgt eine Zahl; wenn a und b Zahlen sind und die gleiche Nachfolgerin haben, sind sie gleich; Null selbst folgt aus keiner Zahl – sowie ein weiterer Satz, der hier verwirren würde. Aus diesen Setzungen, die keine Annäherungen an physikalische Wirklichkeiten sind – was etwa wäre die Null im Buch der Natur? – lassen sich wie die meisten gewöhnlichen Rechenoperationen so auch die des Addierens schrittweise herleiten."

Jürgen Kaube in „Erwärme die Butter, x, und füge zwei Eigelb, 2y, hinzu!" (FAZ, 31.8.2000)

Heinz-Otto Peitgen (*1945)

Professor an der Universität Bremen, der als der deutsche Fraktale-Papst gilt (1994)

Bremer Fraktalzauberer, Bremer Fraktalist

Mathematiker, der in vielen populärwissenschaftlichen Büchern die Werbetrommel für die fraktale Geometrie rührte

wissenschaftlicher Popstar

Mitautor der Bücher „Bausteine des Chaos – Fraktale" und „Chaos – Bausteine der Ordnung"

Bremer Mathematiker, auf dessen Initiative das „Centrum für Medizinische Diagnosesysteme und Visualisierung" (MeVis) eröffnet worden ist (1996)

Sir Roger Penrose (*1931)

Mathematiker und britischer Gravitationstheoretiker

studierter Mathematiker, der sich nach der Doktorarbeit unter dem Einfluss Paul Diracs der theoretischen Physik zuwandte und ihr treu blieb, auch wenn er von 1973 an bis zu seiner Emeritierung 1998 den Rouse-Ball-Lehrstuhl für Mathematik an der Universität Oxford bekleidete

englischer Physiker und Mathematiker, der entdeckt hat, dass es Paare von rhombenförmigen Mosaiksteinchen gibt, mit denen sich die Ebene verfliesen lässt, aber niemals auf periodische Art und Weise

Mathematiker und Autor des Buchs „Des Kaisers neue Kleider", das half, Gödels Entdeckungen zu verbreiten

Gregori Perelman (*1966)

Russe, dem es 2003 gelang, die 1904 gestellte Poincaré-Vermutung zu beweisen

russischer Mathematiker, der sehr zurückgezogen lebt und das Preisgeld des Clay Mathematics Institutes sowie die Fields-Medaille und weitere Auszeichnungen ablehnte

periodisch

sich wiederholend

Perkolation

Bewegung von Flüssigkeiten oder Gasen durch poröses Material, wie z. B. wenn heißes Wasser durch gemahlenen Kaffee einen Weg nach unten sucht

Permutation

Anordnung, Vertauschung

Götz Pfander (*1970)

Mathematiker von der Universität in Maryland/USA, der zusammen mit John Benedetto die Wavelet-Theorie für ein Frühwarnsystem für Epileptiker anwendet (1997)

mathematische Phänomenologie

Anwendung der axiomatisch-deduktiven Methode in der Physik ohne Rückgriff auf mechanische Erklärungen der Phänomene

Eulersche Phi-Funktion

für Nichtmathematiker hoch-esoterische Zahlenbeziehung, bei der es um Primzahlprobleme geht

Philarithmetiker

Anhänger des antiken Malers Eupompus, der sich plötzlich in die Zahlen verliebte – aus der Kurzgeschichte „Eupompus Gave Splendour to Art by Numbers" von Aldous Huxley

griechische Philosophie

Philosophie, die die Abstraktion der mathematischen Begriffe vom Alltag vollzog und den axiomatischen Aufbau der Mathematik durch den Beweis von Leitsätzen hervorgebracht hat

Pi

π, Ludolphsche Zahl, Archimedes-Konstante

Kreiszahl, Kreiskonstante

Verhältnis zwischen Kreisumfang und Durchmesser

mit 3,14 beginnende Kreiszahl

unaufhörliche 3,1415926536...

3,125 im alten Babylon

3,1604 im alten Ägypten

Zahl, die in der Bibel den Wert 3 hat (1. Könige 7,23)

zwischen 3,1408 und 3,1428 bei Archimedes von Syrakus

3,0044 verwendeten die Inder

Unendliche und irrationale Zahl, zu der mathematikaffine Menschen ein besonders liebevolles Verhältnis haben

Thron der Unendlichkeit, denn die Stellen nach dem Komma sind unendlich

Zahl, die in fast allen Bereichen der Mathematik auftritt, wo man es vielleicht nicht erwarten würde

Zahl mit umfassendem aufklärerischen Charakter

Ergebnis eines Programms, das sich in Worten als „Berechne das Verhältnis des Umfangs eines Kreises zu seinem Durchmesser" ausdrücken lässt:

„Eines der bekanntesten Ergebnisse in der Ebenen Geometrie ist die Aussage, dass das Verhältnis von Kreisumfang und Kreisdurchmesser für alle Kreise gleich ist. Auch dieser mathematische Satz war den Griechen schon bekannt. Sie führten das Symbol (Pi) ein, um diesem Verhältnis einen Namen zu geben."

Alfred Wagner in „Wie Schulbücher für Mathematik die Ahnungslosigkeit fördern" (FAZ, 13.6.2019)

Pi-Berechnung

Berechnung von vielen Stellen von Pi

Berechnung, die gern als Testlauf zur Analyse großer Datenmengen genutzt wird

Pi mal Daumen

ungefähr, anhand von Erfahrungswerten

Pi mal Daumenschraube

Motto der Pandemie-Politik, die an Zahlen orientiert Einschränkungen für die Bürger beschlossen hat

Pi-Gebäude

Gebäude am Mathematischen Institut der Freien Universität Berlin in Dahlem, auf das Anfang der nuller Jahre 314 Nachkommastellen von Pi aufgemalt wurden

Pi-Herausforderung

Berechnung möglichst vieler Nachkommastellen von Pi

Pi-Rekord

Rekord bei der Berechnung möglichst vieler Dezimalstellen von Pi

Pi-Shirt

T-Shirt, das der Kreiskonstanten huldigt

Pi-Tag

Gedenktag für die Zahl Pi, der am 14. März gefeiert wird seit 2020 der von der Unesco beschlossene Internationale Tag der Mathematik:

„Dass der Pi-Tag immer am 14. März gefeiert wird, liegt an der US-amerikanischen Datumsschreibweise 3/14: die ersten drei Ziffern von π sind eben 3,14. Traditionell werden am Pi-Tag gemeinschaftlich kreisförmige Kuchen verzehrt, wegen der sprachlichen Nähe des griechischen Buchstabens π zum englischen pie, Kuchen: Beides wird im Englischen lautgleich ausgesprochen."

Andreas Hartmann in „Eine Zahl für die Unendlichkeit"
(taz, 13./14.3.2021)

Luca Piacoli (ca. 1447-1517)

Franziskanermönch und Mathematiker, der oft als Vater der Buchhaltung bezeichnet wurde und einer der Erneuerer der Mathematik und ihrer Sprache war

Roger Pinkham

Mathematiker von der Rutgers University in New Brunswick, der zeigen konnte, dass Benfords Gesetz sogar universelle Gültigkeit besitzt

Leonardo von Pisa (1170-1240)

Fibonacci genannter Mathematiker

Günter Pickert (1917-2015)

Mathematiker, der als 17-jähriger Student vor 65 Jahren in Göttingen die letzte Vorlesung des berühmten Mathematikers David Hilbert gehört hat (1999)

Mathematiker, der in Tübingen und Gießen mit Arbeiten über die analytische Geometrie und projektiven Ebenen Meilensteine in der Mathematik setzte

Steve Pincus

freiberuflicher Mathematiker aus Guilford, Connecticut (USA), der kürzlich eine neue Methode ausgetüftelt hat, um den Zufallsgrad einer Zahlenfolge zu messen (1997)

Joseph Antoine Plateau (1801-1883)

belgischer Mathematiker und Physiker, der in den 70-er Jahren des 19. Jahrhunderts mit Seifenlauge experimentierte und herausfand, dass jede geschlossene beliebig geformte Drahtschleife mindestens eine Seifenhaut tragen kann

Mathematiker, dem klar war, dass die von Drähten umrandete Seifenhaut eine Fläche mit kleinstem Flächeninhalt bildet, da die potentielle Energie der Haut proportional zu ihrer Oberfläche ist und physikalische Systeme einen Zustand geringster Energie anstreben

Plateau-Problem

Frage, ob zu jeder geschlossenen Jordan-Kurve mit endlicher Länge die Existenz mindestens einer Minimalfläche bewiesen werden kann, die von der Kurve umrandet wird

Problem zur Existenz von Minimalflächen, das im 19. Jahrhundert für zahlreiche spezielle Kurvenformen gelöst, aber erst im Jahr 1930 allgemein bewiesen werden konnte

allgemeines Plateau-Problem

Plateau-Problem für Minimalflächen, die zwischen mehreren geschlossenen Kurven existieren, die sich nicht schneiden

Platonismus

Vorstellung, dass mathematische Objekte in einem Himmelreich jenseits von Zeit und Raum existieren

Platonist

Platoniker

Mensch, der sich sicher ist, dass jede intelligente Spezies zwangsläufig dieselbe Mathematik wie wir entwickelt

Mathematiker, der sich selbst als Entdecker einer objektiven mathematischen Welt versteht, deren Existenz für ihn nicht dem geringsten Zweifel unterliegt

Mathematiker, der mathematische Wahrheiten als unabhängig vom Menschen ansieht und da-

von ausgeht, dass alle Theoreme für sich schon immer wahr gewesen sind und dies bis ans Ende der Zeit bleiben und dass Forscher sie nicht erfinden, sondern nur finden – ähnlich wie Columbus Amerika entdeckt hat

Platonisches Höhlengleichnis

Sinnbild auch für die Vermittlung von Mathematik:

„In der Vermittlung mathematischer Forschung an die Öffentlichkeit ist man gemeinhin mit einer Variante des Platonischen Höhlengleichnisses konfrontiert. Das, was dem kleinen Kreis der Eingeweihten in der makellosen Schönheit mathematischer Gleichungen evident und ideengleich erscheint, wird heruntergebrochen auf Erzählungen, die für die Höhlenbewohner fasslich sind. Die Unkundigen erblicken damit, je nach erzählerischem Talent des Autors, ein mehr oder weniger verzerrtes Schattenspiel, das oftmals nicht einmal den letzten Stand mathematischer Forschung widerspiegelt."

Sybille Anderl in „Sapperlot, nicht einmal im Störungstheoretischen Rahmen" (FAZ, 8.5.2013)

Plimpton 322

berühmte Tontafel, auf die eine Tabelle mit Zahlen eingeritzt ist

eines der ältesten mathematischen Dokumente der Menschheit aus der Periode von 1900 bis 1600 vor Christus

Gerlind Plonka (*1966)

Duisburger Mathematikerin, die Verfahren zur Kompression großer Bilddateien entwickelt (1999)

Wavelet-Fachfrau

Simon Plouffle (*1956)

Mathematiker von der Université du Québec in Montreal, der 1995 gemeinsam mit Neil Sloane die „Encyclopedia of Integer Sequences" schrieb (2001)

Mathematiker von der Université du Québec in Montreal/Kanada, der gemeinsam mit David H. Bailey und Peter Borwein an einer Formel für Pi gearbeitet hat (2001)

Plus

Anhäufung von Material

Henri Poincaré (1854-1912)

einer der letzten großen Universalisten der Mathematik

brillanter Mathematiker, der in der reinen Mathematik Neuland eroberte und gleichzeitig in der Physik Akzente setzte

großer, unfassbar intelligenter Mathematiker, der Schriften mit phantasieanregenden Titeln geschrieben hat, z. B. „Kapillarität", „Über vollständige Gruppen", „Das Maß der Zeit", „Theorie der Wirbel"

Topologe

Stammvater der Chaostheorie

französischer Mathematiker, der vor über hundert Jahren versuchte, die Stabilität unseres Sonnensystems zu ergründen

französischer Mathematiker, der Ende des 19. Jahrhunderts bewies, dass noch nicht einmal ein extrem vereinfachtes Planetensystem aus nur drei Körpern langfristig berechenbar ist

Vetter des französischen Staatspräsidenten Raymond Poincaré und damals neben Hilbert der bedeutendste Mathematiker

Poincarésche Vermutung

Vermutung, die sich mit der Form und der Struktur dreidimensionaler Räume beschäftigt und als einziges Milleniums-Problem bisher gelöst wurde (2022)

Frage, welche Eigenschaften ein Gebilde haben müsste, um eine möglicherweise etwas verformte 3-Sphäre zu sein

Vermutung, hinter der die Frage steht, ob der Raum, der Weltraum, Löcher hat oder wie er sonstwie aussehen könnte in all seinen unbekannten Dimensionen

Konrad Polthier (*1966)

Mathematikprofessor an der TU Berlin und einer der Initiatoren des ersten VideoMath-Festivals in Berlin (1998)

Mathematik-Professor an der FU Berlin, der zusammen mit seinen Kollegen Georg Glaeser das Buch „Bilder der Mathematik" veröffentlicht hat (2015)

George Polya (1887-1985)

ungarischer Mathematiker, der sich mit dem toroidalen Damenproblem befasste und 1928 feststellte, dass es nur dann Lösungen besitzt, wenn n weder durch 3 noch durch 4 teilbar ist

Polyeder

geometrisches Objekt mit geraden Seitenflächen

geometrischer Körper, der von endlich vielen ebenen Flächen begrenzt ist, z. B. Würfel, Quader, Pyramide

Gebilde, das auch richtig verrückt aussehen kann wie ein aufwändig geschliffener Edelstein

Gebilde, das nicht einfach so herumsteht, sondern verborgen ist in Busfahrplänen, Benzinzapfsäulen und Müsli-Sorten

Polyeder in Dürers „Melancolia I"

ein gestreckter Würfel, bei dem noch zusätzlich zwei Spitzen abgeschnitten sind und dessen Ecken alle auf einer Kugel liegen

Polynom

endliche Summe von Ausdrücken, die Variablen enthält, deren Exponenten ausschließlich natürliche Zahlen sind

Polynomfunktion

Funktion, die sich als Polynom notieren lässt

polynomiale Zeit

Komplexität eines Algorithmus, dessen Rechenzeit für ein gegebenes Problem quadratisch oder mit einer höheren Potenz der Eingangsdaten steigt, z. B. der Anzahl der Städte beim Problem des Handlungsreisenden

quasipolynomial

nicht polynomial, aber auch nicht exponentiell

Emil Post (1897-1954)

Mathematiker, der 1936 ein weiteres unabhängiges Universalmodell des Rechnens veröffentlichte

Mathematiker, der wie Alan Turing und Alonzo Church bewies, dass man eine Maschine bauen kann, die für alle entscheidbaren Sätze in endlichen Schritten berechnen kann, ob sie wahr oder falsch sind

feste Potenz

linear, quadratisch, in der dritten oder einer höheren Potenz

Zehner-Potenz

Zählweise für hohe Zahlen, mit der Wissenschaftler Verständigungsschwierigkeiten vermeiden

potenzieren

hochnehmen

prim

Eigenschaft, Primzahl zu sein

Primfaktor

Primzahl, die beim Zerlegen
einer Zahl in Faktoren entsteht

Primfaktorzerlegung

Zerlegung einer Zahl in ihre
Primfaktoren, z. B. 42 gleich zwei
mal zwei mal sieben

Schwierigkeit, große Zahlen in
ihre Primfaktoren zu zerlegen,
worauf die Sicherheit einiger
Kodierungsverfahren beruht,
die von Geheimdiensten und in
der Finanzwelt benutzt werden,
um geheime Botschaften zu
verschlüsseln

Primzahlen

Zahlen, die nur durch sich selbst
und die 1 teilbar sind

ganze Zahlen, die größer als 1
und nur durch 1 und sich selbst
ohne Rest teilbar sind

z. B. 2, 3, 5, 11, 13, 17, 19, 23, 29

Grundbausteine der Mathematik

Atome des Zahlensystems

Zahl-Bausteine

Zahlen, mit denen jeder
spätestens im siebten Schuljahr
Bekanntschaft macht, wenn man
beim Bruchrechnen den größten

gemeinsamen Teiler zweier
Nenner bestimmen muss

Zahlen, die in der Mathematik
etwa die gleiche Bedeutung
wie die Elementarteilchen
in der Physik oder die chemischen Elemente in der Chemie
haben

Typ Zahl, von denen es
unendlich viele gibt, doch ist
eine allgemeine Formel, mit der
zuverlässig alle Primzahlen
erzeugt werden könnten, nicht
bekannt

Zahlen, die Don Zagier wie folgt
beschreibt:

*„Bis heute gehören sie trotz ihrer
einfachen Definition zu den
willkürlichsten, widerspenstigsten
Objekten, die der Mathematiker
überhaupt studiert. Sie wachsen
wie Unkraut unter den natürlichen Zahlen, scheinbar keinem
anderen Gesetz als dem Zufall
unterworfen, und kein Mensch
kann voraussagen, wo wieder
eine sprießen wird, noch einer
Zahl ansehen, ob sie prim ist
oder nicht."*

Don Zagier zitiert von Thomas von
Randow in „Jagd auf Monster"
(Zeit, 27.9.1996)

Beinaheprimzahl

Zahl, die nur wenige Teiler hat,
z. B. eine Halbprimzahl

Halbprimzahl

Produkt aus genau zwei
Primzahlen

Mersenne-Primzahl

Primzahl der nach dem französischen Mönch Marin Mersenne benannten Primzahlklasse, die in der Form 2^P-1 geschrieben werden kann

arithmetische Primzahlfolge

arithmetische Folge, die nur aus Primzahlen besteht

Primzahl-Enthusiast

Mathematiker, der beim Gimps-Vorhaben beteiligt ist, um möglichst große Primzahlen zu finden

Primzahljagd

Fahndung nach immer größeren Primzahlen mithilfe von Computern

Satz, dass es unendlich viele Primzahlen gibt

von Euklid bewiesene Erkenntnis:

„Er gibt uns sogar ein Rezept dafür, wie ich eine neue Primzahl finde, wenn ich schon ein paar habe. Es ist ganz einfach: Ich multipliziere die Primzahlen miteinander, die ich habe. Ich addiere Eins dazu. Und die Zahl, die dabei herauskommt, ist entweder eine neue Primzahl. Oder sie enthält eine neue Primzahl als Faktor."

Günter Ziegler im Interview mit Holger Dambeck in „Abstraktion und Eleganz" (spiegel.de, 1.5.2018)

Beweis, bei dem Euklid von der Annahme ausging, es gebe nur endlich viele Primzahlen, und so lange logische Schlüsse daraus zog, bis er auf einen logischen Widerspruch stieß:

„Der Beweis im Detail: Angenommen, es existieren nur endlich viele Primzahlen. Dann ließen sich diese auflisten, etwa als p_1, p_2, p_3, …, p_r, wobei r für die (endliche) Anzahl der Primzahlen steht. Nun betrachtet Euklid die Summe aus dem Produkt dieser Zahlen plus 1: $p_1*p_2*… *p_r+1$. Diese Zahl, sie möge n heißen, kann keine Primzahl sein, weil sie in der vollständigen Primzahl-Liste p_1, … p_r nicht auftaucht. Also muss sie durch eine Primzahl teilbar sein, irgendein p_i, mit i zwischen 1 und r. Dieses p_i ist natürlich auch ein Teiler des Produkts $p_1*…*p_r$, also der Zahl n-1. Wenn p_i ein Teiler von n und n-1 ist, dann muss es auch die Differenz teilen. Die ist aber 1, und das ist unmöglich. Unsere Annahme muss demnach falsch gewesen sein. Also gibt es unendlich viele Primzahlen."

Wolfgang Blum in „Sehnsucht nach Unendlichkeit" (Zeit, 13.6.2002)

Primrekord

größte bekannte Primzahl

Primzahlriese

Primzahl mit Tausenden von Ziffern

Primzahl-Zerlegungsproblem

Frage, ob jede gerade Zahl
(2 ausgenommen) die Summe
von zwei Primzahlen ist

Primzerlegungsgesetz

Gesetz, nach dem jede Zahl auf
eindeutige Weise in ein Produkt
von Primzahlen zerfällt

Primzahlzwilling

Primzahlen mit der Differenz 2,
z. B. 17 und 19, 1031 und 1033

Typ Zahlenpaar, bei dem niemand weiß, ob es unendlich
viele von ihnen gibt

Primzahlzwillingsrekord

Rekord im Berechnen von möglichst großen Primzahlzwillingen

Satz über Primzahlzwillinge

Erkenntnis, dass die Summe der
Kehrwerte sogenannter Primzahlzwillinge eine endliche Zahl ist,
obwohl sie möglicherweise unendlich viele Glieder enthält

Primzahlzwillingsvermutung

Vermutung, dass es unendlich
viele Primzahlzwillinge gibt

noch unbewiesene Vermutung
aus der Mitte des 19. Jahrhunderts

Principia Mathematica

dreibändiges Monumentalwerk,
das Bertrand Russell und Alfred
North Whitehead 1910-1913
herausbrachten und in dem
sie eine Theorie der Typen
entwickelten

Paul A. Pritchard

Mathematiker, der gemeinsam
mit Moran und Thyssen die erste
arithmetische Primzahlfolge mit
22 Gliedern entdeckte

gutes Problem

Problem, das sich leicht formulieren lässt, eine reiche Geschichte
hat und so schwierig ist, dass
es vermutlich mehr als eine
Generation dauert, bis es gelöst ist

schmutziges Problem

Problem aus der Praxis

Proof

Theaterstück von David Auburn,
in dem es am Beispiel von zahlentheoretischen Sätzen und deren Beweise um ein Verständnis
der Arbeitsweisen von Mathematikern geht

Musical von Joshua Rosenblum
und Sydney Lessner über
Andrew Wiles

book proof

Beweis aus dem Buch der Beweise

computer aided proof

Spielart der Computermathematik, bei der Computerprogramme ein Teil des formalen Beweises sind

proportional gerecht

so gerecht, dass jeder Beteiligte zumindest die Ansicht hat, selbst gerecht behandelt worden zu sein

Prozentrechnung

Königsdisziplin der Alltagsmathematik

Walter Purket (*1944)

Mathematiker, Mathematikhistoriker und ein Miteditor des Hausdorffschen Werks, der die Hausdorff-Biografie von Brieskorn nach dessen Tod abgeschlossen hat

Pythagoras von Samos (ca. 570-510 v.Chr.)

Philosoph, der einen mathematischen Satz über rechtwinklige Dreiecke formulierte

Philosoph, der eine Saite auf ein Brett spannte, die klingenden Intervalle maß und in Zahlen übersetzte

Mathematiker, der meinte: „Alles ist Zahl"

Mathematiker, der für das Abendland die mathematischen Gesetzmäßigkeiten konsonanter Klänge entdeckte und damit die Harmonik begründete und den Begriff des Kosmos prägte

Zentralgestirn der antiken Musiktheorie, in dessen intellektuellem Umfeld Bachs opus ultimum – die Kunst der Fuge – entstand

Stammvater eines Zahlenkults, der die Mathematik zum Fetisch machte und die Mathematiker zu Hohepriestern der Zukunftsprognosen

Spiritus Rector des heute verbreiteten Kalkulationismus

Pythagoras-Morde

Rätselkrimi im Geiste von Poes „Poesie der Logik", der als „The Oxford Murderers" verfilmt wurde

Satz von Pythagoras

Erkenntnis, dass in einem rechtwinkligen Dreieck die Summe der Quadrate über den beiden kürzeren Seiten gleich dem Quadrat über der langen Seite ist

Satz, nach dem die Summe der Quadrate über den Katheten eines rechtwinkligen Dreiecks gleich dem Quadrat über der Hypotenuse ist

Satz, der aus der Schule vertraut ist und mit dem Handwerker rechte Winkel konstruieren, z. B. $3^2+4^2=5^2$

das berühmte $a^2+b^2=c^2$:

„Wenn man mal eine Formel vergisst, muss sich ein Mathematiker die Formel wieder erarbeiten können. Die Schulrealität sieht anders aus, das habe ich bei meinen eigenen Kindern erlebt: Es ist ein schematisches Lernen. Ein schönes Beispiel: Pythagoras kennt jeder Schüler, $a^2+b^2=c^2$. Dann legt der Lehrer ein Dreieck hin mit den Seiten x, y und z, und schon ist dieses Wissen nicht mehr da. Die Schüler haben nicht verstanden, was sie da gelernt haben, und können es nicht anwenden."

Norman Bitterlich zitiert von Thiemo Heeg in „Das sind Profis wie im Sport" (FAZ, 15.5.2019)

pythagoräisch
nach Maß und Zahl

pythagoreisches Tripel
natürliche Zahlen, die als Seiten eines rechtwinkligen Dreiecks vorkommen können, z. B. 3, 4, 5

Quadratur

lateinisches Quadrat
Aufgabe, die darin besteht, ein schachbrettartiges Arrangement von n mal n Feldern mit Symbolen zu besetzen, wofür eine Menge n unterschiedlicher Symbole zur Auswahl steht, die so verteilt werden sollen, dass sie in jeder Zeile und Spalte genau ein Mal vorkommen

Raster von n mal n Feldern, in denen Zahlen von 1 bis n so verteilt sind, dass in keiner Zeile und in keiner Spalte eine Zahl mehrfach vorkommt

partielles lateinisches Quadrat
Dinitzsches Quadrat

lateinisches Quadrat, bei dem die Symbole für die n mal n Felder nicht mehr aus einer einzigen Menge ausgesucht werden, vielmehr sollte zu jedem Feld eine eigene Auswahl von jeweils n Symbolen gehören

Schwarzes Quadrat
Werk von Kasimir Malewitsch

Weißes Quadrat mit verwanderten Ecken
Titel eines konstruktivistischen Großformats von Max Bill von 1962/78

Quadratur des Kreises

altes Problem, mit Zirkel und Lineal einen Kreis so umzukonstruieren, dass am Ende ein Quadrat dabei herauskommt

Problem, für das der Lindemannsche Satz bewiesen hat, dass es nicht geht

Quadratur des Kreises

Jonglieren mit Unmöglichkeiten

etwas, das sich kaum zusammendenken, geschweige denn in die Praxis umsetzen lässt

Versuch, dem Normalsterblichen die Ergebnisse der modernen mathematischen Forschung nahezubringen (1998)

Versuch, auch Laien die Freude an der Mathematik näherzubringen (1998)

Wiederbelebung der Partei CDU im Wahlkreis Angela Merkels durch einen konservativen CDU-Gesprächskreis (2017)

Aufgabe, das Filmfestival Berlinale jünger, internationaler und experimentierfreudig zu machen, ohne die zahlenden Kunden aus dem normalen Kinovolk zu vergraulen (2018)

Reform des Wahlrechts, um den deutschen Bundestag auf eine vernünftige Größe zurückzuführen, ohne die Elemente des Mehrheits- und Verhältniswahlrechts aufzugeben (2018)

Entwicklung eines Schutzkonzepts, das Suizide möglichst verhindert und gleichzeitig den Tod von eigener Hand zur höchsten Form autonomer Selbstbestimmung stilisiert (2021)

Problem, das laut Mike Josef, dem Vorsitzenden der Frankfurter SPD, die Koalition aus Grünen, SPD, FDP und Volt mit dem Koalitionsvertrag gelöst hat (2021)

Quadratur des nordamerikanischen Kreises

Neugestaltung einer Freihandelszone in Nordamerika im Sinne des Protektionismus der USA (2017)

Quadratur der revolutionären Kreise

Entwicklung der Bilder der Maler im Umfeld von Marc Chagall in Witebsk (heute Belarus) von realistischen Abbildern zu abstrakten Kompositionen:

„Und dann sieht man vor allem die Entwicklung: wie die Maler um ihn herum, die anfangs seinem kubistisch-surrealistischen Stil folgen, peu á peu zur totalen Abstraktion Malewitschs übergehen. Wie sie sich vom ländlichen Stadtbild abwenden, um die Welt um sich herum nur noch in Kreisen und Dreiecken und Quadraten zu erfassen."

Annabelle Hirsch in „Die Quadratur der revolutionären Kreise" (FAZ, 15.4.2018)

Quadratur des Fußballs

Lösung der ungelösten Ziel-konflikte des Profifußballs zwischen den Klubs aus der zweiten und dritten Reihe und den stärksten und zugkräftigsten Klubs (2020)

Quadratur der Krise

deutliche Verschärfung einer gesellschaftlichen Krise durch politische Entscheidungen, die Expertenmeinungen ignorieren und Gegner provozieren (2020)

Quadratur des Lorbeerkranzes

konfliktreiche Auszeichnung Albert Einsteins mit dem Nobel-preis, den er 1922 rückwirkend für das Jahr 1921 erhielt, da damals die Juroren von seiner Physik überfordert waren

Quadratur der Maut

angebliche Lösung des Konflikts zwischen Bundesregierung und EU-Kommission in Sachen Pkw-Maut (2016)

Quadratur der Ringe

Entscheidungsfindung bei der Vergabe der olympischen Som-merspiele 2024 und 2028 an die Kandidaten Paris und Los Ange-les, die beide Anspruch an den früheren Termin aufrechterhalten haben (2017)

Quadratur des Stadionrunds

Suche nach einer Stadionlösung für Hertha BSC, die den Interes-sen des Bundesligaklubs und dem Land Berlin gerecht wird, da für einen Neubau Flächen und das Engagement der Politik fehlen und für einen Umbau des Olympiastadions die Kompro-missbereitschaft des Klubs, flache Ränge und weite Entfer-nungen zwischen Zuschauern und Spielern zu akzeptieren (2019)

Quadratur der Steuerpolitik

Vergebliche Suche einer regie-rungstauglichen Kompromiss-linie in der Steuerpolitik zwischen den Polen „Ungleichheit be-kämpfen" und „Wettbewerb stärken"

Quadratur des Todes

Anlegen eines Massengrabs mit quadratischem Grundriss (2021)

Quantentheorie

mathematisches Rüstzeug zur Beschreibung von mikroskopi-schen Objekten wie Atomen

Alfio Quarteroni (*1952)

Mathematiker von der Ecole Polytechnique Fédérale de Lausanne (EPFL), der sich mit der Simulation des Blutkreislaufs beschäftigt (2001)

Quaternionen

vierdimensionales Objekt einer
vierdimensionalen Algebra

QED

quod erat demonstrandum

was zu beweisen war

traditioneller Abschluss
mathematischer Beweise

QED

weltweites Forschungsprojekt,
bei dem Wissenschaftler ein
Computerprogramm entwickeln
wollen, das automatisch mathematische Wahrheiten finden und
beweisen kann und sie danach
für immer abrufbar bereit hält

QP

Klasse der Probleme, die sich
quasi in polynomialer Zeit lösen
lassen

Klasse der Probleme, für die
es einen Lösungsalgorithmus
gibt, dessen Rechenzeit nur
geringfügig schneller als n^c
wächst

Qunicux

Fünferding

Von Francis Galton erfundener
Apparat zur anschaulichen
Demonstration der Normalver-
teilung von Einflussfaktoren

Rechnen

Richard Rado (1906-1989)

einer der bedeutendsten Vertreter der diskreten Mathematik
im 20. Jahrhundert, der nach
Abschluss seiner heute noch als
herausragend geltenden Dissertation im Jahr 1931 auf der
Straße stand, weil er als Jude von
der Universitätslaufbahn ausge-
schlossen wurde, und der später
nach England emigrierte

Richard-Rado-Preis

Preis für hervorragende
Dissertationen in der diskreten
Mathematik

Johann Radon (1887-1956)

österreichischer Mathematiker,
der eine Theorie begründet hat,
mit der die Struktur eines höher-
dimensionalen Körpers ermittelt
werden kann, wenn die nieder-
dimensionalen Schnitte dieses
Körpers bekannt sind, was eine
zentrale Idee der modernen
Computertomographie ist

Radon-Transformation

schwierige mathematische Konstruktion, deren Realisierung im
Computertomograph durch die
Kunst der Physiker und Ingenieure vermittelt ist

Srinivasa Ramanujan (1887-1920)

Inder, der ein leistungsfähiges Verfahren entwickelte, die Zahl Pi auf Millionen Stellen nach dem Komma schnell und genau zu berechnen

großer Mathematiker, der das Bertrandsche Postulat wie Tschebychef schon vor Erdös bewiesen hat – aber auch sehr viel komplizierter

indisches Mathematikgenie, das aus ärmsten Verhältnissen kam und kaum formale Bildung hatte, aber von britischen Mathematikern entdeckt und nach Cambridge geholt wurde

Autodidakt, der in Madras als kleiner Buchhalter arbeitete, in Cambridge Furore machte und, vom englischen Wetter krank geworden, bald nach seiner Rückkehr in Indien starb

Mathematiker, der der Fachwelt, als er 1920 mit nur 32 Jahren starb, eine Reihe von Formeln hinterließ – Schätze, die bisher noch nicht in ihrer Gesamtheit ausgewertet sind

der wohl intuitivste Mathematiker aller Zeiten

Thomas von Randow (1921-2009)

Publizist, dem wichtige Vermittlerdienste für die Mathematik zu verdanken sind

Mathematiker und Wissenschaftsredakteur von „Die Zeit" (1993)

Andrew Ranicki (1948-2018)

algebraischer Chirurg

Hausdorff-Raum

Raum, in dem zwischen unendlichen kleinen Punkten stets getrennte Umgebungen existieren

Nicht-Hausdorff-Raum

Typ Raum, den man erst denken kann, seit man weiß, was ein Hausdorff-Raum ist und bei dem sich abzeichnet, dass seine Vertreter für bestimmte ziemlich wahnsinnige Regionen der Physik relevant sind

Lorentz-Raum

wichtiger Typ von Räumen der Funktionalanalysis

Theorie der Modulräume

mathematische Beschreibungsweise, mithilfe derer z. B. die Eigenschaften hyperbolischer Flächen einfacher studiert werden können

perfektoide Räume

von Peter Scholze stammende Räume, die Zahlensysteme durch äquivalente geometrische Objekte beschreiben, wodurch ein interessanter Zusammenhang zwischen diesen Zahlensystemen entsteht und sich einige fundamentale Probleme der arithmetischen Geometrie lösen lassen

Phasenraum

abstrakter Raum, in dem jeder Punkt einem Systemzustand entspricht

Zahlenraum

Zahlen von 1 bis zu einer bestimmten Größe, z. B. von 1 bis 100

Raute

Handhaltung bei Kanzlerin Angela Merkel (2021)

Symbol einer Politik des ergebnisoffenen Austestens von kleinteiligen, fallibelen Lösungen, die bei Misserfolg rückgängig gemacht und im Bewährungsfall beibehalten werden

die vier Rechenarten

Kulturtechniken, die jeder Schüler erlernen muss

Rechenbrett

Hilfsmittel fürs Rechnen zur Zeit der römischen Zahlen, auf denen Steinchen hin und her geschoben wurden

Rechenkunstwerk

Kunstwerk, in dem mathematische Strukturen zum Ausdruck kommen

Rechenscheibe

Scheibe, bei der Skalen auf zwei gegeneinander verschiebbaren Scheiben aufgebracht sind und mit der sich im grafischen Gewerbe immer noch am schnellsten Abbildungsmaßstäbe mit den dazugehörigen Abmessungen, beispielsweise bei der Skalierung von Fotos im Desktop Publishing, bestimmen lassen

Rechenschieber

Rechengerät, das mit verschiebbaren logarithmischen Skalen arbeitet

zwei Lineale, die logarithmisch skaliert sind und sich gegeneinander verschieben lassen, womit aus der Addition von Strecken eine Multiplikation von Zahlenwerten wird

Recheninstrument, das heute so gut wie verschwunden ist, aber um 1940 herum Ingenieure in den Vereinigten Staaten wie Offiziere ihren Degen oder ein Cowboy seinen Colt trugen: in einem Lederholster, das am Gürtel befestigt war

Rechenschritt

Einzeloperation

Handlung, Aktion

Rechenschwäche

Dyskalkulie

Beeinträchtigung von Rechenfertigkeiten, die nicht allein durch Intelligenzminderung oder unangemessene Beschulung zu erklären ist

Schwäche, bei der Betroffene keine ausreichende Vorstellung der Zahlen als Symbole für Mengen haben

Mathedefizit, das nicht als Behinderung, sondern wie Legasthenie als Teilleistungsschwäche gilt

Rechentuch

Hilfsmittel fürs Rechnen zur Zeit der römischen Zahlen, auf dem Steinchen hin und her geschoben wurden

schriftliches Rechnen

Rechnen, bei dem auf dem Papier neue Beziehungen zwischen Zahlen sichtbar werden

Kulturtechnik, ohne die die moderne Mathematik undenkbar wäre

symbolisches Rechnen

z. B. die Lösung mathematischer Gleichungen

Parallelrechner

Computer, der nicht nur ein Rechenelement, sondern mehrere, teilweise sogar Hunderte oder Tausende Prozessoren besitzt

Rechner, bei dem alle größeren Rechenaufgaben in kleinere Einheiten aufgeteilt werden, die von den Prozessoren dann gleichzeitig bearbeitet werden können

Taschenrechner

Objekt, in das sich die einfachen Rechenoperationen zurückgezogen haben

Reiskornparabel

Parabel über die Größe des exponentiellen Wachstums mithilfe eines Schachbretts:

"Auf dem ersten Feld eines Schachbretts liegt ein Reiskorn, auf dem zweiten liegen zwei, dann vier, dann acht; auf Feld 64 läge eine Viertelbillion Tonnen Reis, ein Vielfaches der weltweiten Jahresernte. Angenommen, jeder erreichte Lehrer begeisterte zwei Schüler für Mathematik, die ihrerseits je zwei weitere Personen motivieren und so fort. Finge man mit 12 Lehrern an, wäre nach 22 Schritten die gesamte Bevölkerung im Land für das Fach gewonnen. Ein Versuch wäre es wert."

Marlene Weiss in „Ein kluger Koffer geht um die Welt" (FAZ, 24.12.2008)

Marian Rejewski (1905-1980)

polnischer Mathematiker, dessen geniale Methode den Engländern während des Zweiten Weltkriegs half, die Enigma zu knacken

polnischer Mathematiker, der 1932 einen ersten Erfolg beim Einbruch in die Enigma-Verschlüsselung hatte, bei dem er die Verdopplung des Spruchschlüssels benutzte

Renaissance

Epoche, in der alles Zahl wurde – durch die Wiederentdeckung geometrischer Verfahren aus antiken und arabischen Schriften und vor allem durch die Entwicklung des schriftlichen Rechnens

Renormierung

Vorgang, bei dem verschiedene Frequenz-Spektren mithilfe mathematischer Modelle auf ein gemeinsames Niveau gebracht werden, um sie zu vergleichen

Rhind

altägyptisches Papyrus aus dem 16. Jahrhundert v. Chr. und erstes Rechenbuch der Welt

Kenneth Ribet (*1948)

Mathematiker von der Universität Berkeley, der 1987 eine spezielle Eigenschaft für die Freyschen Kurven ermittelte, die Fachleute als modular bezeichnen (1993)

Mathematiker, der 1987 streng bewiesen hat, dass wenn die Fermatsche Vermutung falsch ist, die Taniyama-Vermutung auch nicht richtig sein kann

Jürgen Richter-Gebert (*1963)

Mathematiker von der Technischen Universität München, der die App iOrnament entwickelt hat und den schon lange die Frage umtrieb, wie sich Mathematik vermitteln lässt, so dass es Spaß macht (2015)

Mathematikprofessor der TU München, der für seine engagierte Vermittlung von Mathematik und Geometrie den Communicator-Preis des Stifterverbands für die Wissenschaft gewonnen hat (2021)

Mathematiker, der zusammen mit Ulrich Kortenkamp die interaktive Geometrie-Software „Cinderella" entwickelt hat

Bernhard Riemann (1826-1866)

Mathematiker, der in seinem Habilitationsvortrag 1854 in Göttingen „Über die Hypothesen, welche der Geometrie zugrunde liegen" die Frage aufwarf, ob es eine unendliche Fläche im dreidimensionalen Raum gibt, die eine konstante negative Krümmung besitzt

Erfinder einer wirkmächtigen nichteuklidischen Konzeption in der Geometrie

deutscher Mathematiker, der die algebraische Geometrie eröffnet hat

Mathematiker, zu dessen Rätselreich die Primzahlen gehören

deutscher Mathematiker, der in einer nur acht Seiten langen Abhandlung seine berühmte Vermutung aufstellte

Riemannsche Funktionalgleichung

Gleichung, die in der Zahlentheorie Anwendung findet

Satz von Riemann-Roch-Hirzebruch

Riemann-Rochescher Satz

Satz, der seit 1954 in der algebraischen Geometrie eine Schlüsselrolle einnimmt

Satz auf dem Gebiet der algebraischen Geometrie, der von Friedrich Hirzebruch als Mitzwanziger bewiesen wurde

Riemannsche Vermutung

Vermutung von Bernhard Riemann aus dem Jahr 1859

eines der berühmtesten ungelösten Probleme der Mathematik (2000)

Vermutung, für deren Beweis das Clay Mathematics Institute ein Preisgeld von einer Million Dollar ausgesetzt hatte

Annahme, dass fast alle Nullstellen der Riemannschen Zeta-Funktion auf einer Geraden liegen

Vermutung, die berühmt wurde, weil sie etwas über die Verteilung der Primzahlen verrät

Vermutung, laut derer die Primzahlen in ihrem Auftreten denselben Gesetzen wie Zufallsereignisse folgen

Vermutung, dass von den berechneten Häufigkeiten der Primzahlen deren tatsächliche Anzahl genauso oft abweicht, wie es beim wiederholten Werfen einer Münze zu einem Ungleichgewicht von Wappen und Zahl kommt

Vermutung, die unter anderem zur Folge hätte, dass wir den Fehler bei der Annäherung der Anzahl Primzahlen unter einer Zahl x durch den Integral-Logarithmus sehr genau abschätzen könnten

Adam Ries (1492-1559)

Autor einer populären Rechenfibel

Rechenmeister, der eines der ersten deutschen Rechenbücher verfasste

Ring

abstraktes methodisches Instrument

z. B. die ganzen Zahlen

Risiko

Wert zwischen 0 und 1

Manuel Ritoré

Mathematiker von der Universität in Granada, der gemeinsam mit Frank Morgan, Michael Hutchings und Antonio Ros das Doppel-Blasen-Problem bewies (2000)

Ronald Rivest (*1947)

angesehener Kryptologe vom Massachussets Institute of Technology (MIT) und Miterfinder des wohl sichersten Codes der Welt (1993)

Mit-Entwickler des RSA-Verfahrens

Herbert Robbins (1915-2001)

Ko-Autor des Klassikers „Was ist Mathematik?"

Robbins-Problem

Problem aus der Algebra, das 1998 vom Computerprogramm EQS gelöst wurde und damit sogar in die Schlagzeilen der New York Times geraten ist

Julia Bowman Robinson (1919-1985)

Mathematikerin, die in den 60-er Jahren des 20. Jahrhunderts wichtige Vorarbeiten auf dem Weg zur Lösung des zehnten Hilbertschen Problems leistete

André Rohe

Kortes Mitarbeiter, der für ein gigantisches mithilfe des Sternen-Atlasses für das Hubble-Weltraumteleskop gewonnenes Rundreiseproblem eine 18,8 Millionen-Sterne-Rundreise von 75.893.579 Kilometer Länge gefunden hat, die höchstens 0,9 Prozent vom Rundreise-Optimum entfernt ist

Hans Rohrbach (1903-1993)

Mathematiker, der durch zahlreiche Veröffentlichungen zum Verhältnis zwischen Naturwissenschaften und Christentum bekannt geworden ist und auch als Experte für Seelsorge und Okkultismus galt

Mathematiker, den Geheimcodes der Alliierten während des Zweiten Weltkriegs ebenso beschäftigten wie das tatsächliche Geburtsjahr Jesu

Heiko Rölke

Schweizer Mathematiker, Informatiker und Leiter des Zentrums für Datenanalyse und Simulation (DAViS), der in einer Art Fingerübung einen Weltrekord aufgestellt hat und Pi auf 62,8 Billionen Ziffern genau berechnet hat (2021)

Antonio Ros

Mathematiker von der Universität in Granada, der gemeinsam mit Frank Morgan, Michael Hutchings und Manuel Ritoré das Doppel-Blasen-Problem bewies (2000)

Problem der geschlossenen Rösselsprünge

Frage, ob es möglich ist, auf einem Schachbrett mit einem Springer in einem Zug alle Felder zu besetzen

Günter Rote (*1960)

an der Freien Universität Berlin lehrender Informatiker, der 2000 mit Erik Demaine und Robert Connelly das Zollstockproblem gelöst hat, an dem 30 Jahre lang Mathematiker getüftelt hatten (2004)

Thomas Royen (*1947)

Mathematik-Rentner aus dem Taunus, der beim Zähneputzen die Gaußsche Korrelationsungleichung bewies

Mathematiker, der als Statistiker beim Chemie- und Pharmaunternehmen Hoechst AG arbeitete und 1985 als Professor an die Fachhochschule Bingen ging

RSA-Methode

Verschlüsselungsverfahren, mit dem viele Banken und Kreditfirmen ihre Daten kodieren

Verschlüsselungsmethode, die als so sicher eingestuft wird, dass in den USA Geräte zur RSA-Kryptographie Ausfuhrbeschränkungen nach dem Kriegswaffenkontrollgesetz unterliegen

asymmetrisches Verschlüsselungsverfahren, das 1978 von Ronald Rivest, Adi Shamir und Leonard Adleman erfunden wurde und dessen Sicherheit im Kern darauf beruht, dass es zwar einfach ist, zwei große Zahlen (Faktoren) miteinander malzunehmen, nicht aber, sie hinterher aus einer sehr großen Zahl abzuleiten

Verschlüsselungsverfahren, das darauf beruht, dass die Faktorisierung von Zahlen eine sogenannte Einbahnstraßen-Funktion ist

nach den Entwicklern Ronald Rivest, Adi Shamir und Leonard Adleman benannte Variante der Public-Key-Kryptographie, die die Schwierigkeit ausnutzt, große Zahlen in ihre Primfaktoren zu zerlegen

Verschlüsselungsverfahren, dessen Revolutionäre ist, dass es asymmetrisch arbeitet:

„Das RSA-Verfahren verwendet einen sehr komplexen Rechenvorgang, bei dem ein Produkt zweier Primzahlen – zusammen mit einer weiteren Zahl x – die Rolle des öffentlichen Schlüssels spielt. Wer eine Zahlenfolge, die beispielsweise einen Text repräsentiert, verschlüsseln möchte, unterteilt diese in nicht zu große Blöcke und berechnet davon die x-te Potenz. Der Geheimcode ist der Rest, der beim Teilen durch das Primzahlprodukt bleibt. Zum Entschlüsseln führt man dieselben Operationen aus, nimmt statt x jedoch den geheimen Schlüssel."

Karlhorst Klotz in „600 Rechner im Primzahlfieber" (SZ, 1./2.6.1994)

Bertrand Russell (1872-1970)

Mathematiker, der mit Alfred North Whitehead die Typentheorie entwickelt hat

Logiker, der vor hundert Jahren sein berühmtes Paradox formulierte (2001)

Russelsches Paradoxon

berühmtes Paradox, das Bertrand Russell 1901 formulierte

Demonstration, dass Cantors Mengenbildungsprinzip, welches eigentlich die Russell-Menge zulassen müsste, zusammen mit dem logischen Gesetz im Widerspruch steht

Nachweis, dass es keine Menge geben kann, die genau diejenigen Mengen als Elemente enthält, die sich selbst nicht als Element enthalten

Frage, ob die Menge M aller Mengen außer den R-Mengen, selbst eine R-Menge ist:

„Wäre sie eine, müsste sie sich selbst enthalten. Also enthielte sie eine R-Menge – was M aber definitionsmäßig nicht darf. Ist M also keine R-Menge? In diesem Fall gehört sie zu den Mengen, die keine R-Mengen sind – also enthielte sie sich selbst und wäre mithin doch eine R-Menge."

Wolfgang Blum in „Die Logik des Paradoxen" (Zeit, 19.12.1997)

Spieltheorie

André Sainte-Lague (1882-1950)

französischer Mathematiker, der zu Beginn des 20. Jahrhunderts ein Verfahren zur Ermittlung der Zahl der Abgeordneten von im Parlament vertretenen Parteien beschrieben hat, das die beste Annäherung an den Wählerwillen darstellt

Methode von Sainte-Lague/Schepers

Rechenverfahren zur Ermittlung der Zahl von Abgeordneten der Parteien, das seit der Wahl zum 17. Deutschen Bundestag 2009 verwendet wird

Verfahren, bei dem die Zahl der den Parteien zustehenden Abgeordneten ermittelt wird, indem die für die Parteien abgegebenen Stimmen durch einen passenden Divisor geteilt werden

Divisionsmethode mit Standardrundung

Nermin Salepci

promovierte Mathematikerin, die am Institut Camille Jordan im französischen Lyon lehrt und deren Passion der Kunst des Tanzes gilt (2017)

Mathematikerin, die sich im Tanz jeder Berechenbarkeit entzieht:

„Als Mathematikerin mag ich Definitionen, mag es, Behauptungen aufzustellen und Beweise zu führen', erklärt sie. Als Performerin dagegen schätzt Salepci das Undefinierbare, Unausgesprochene, Widersinnige."

Stefanie Schwetz in „Das Leben als unlösbare Aufgabe" (SZ, 27.7.2017)

Dietmar Saupe (*1954)

Mitautor der Bücher „Bausteine des Chaos – Fraktale" und „Chaos – Bausteine der Ordnung"

Marcus du Sautoy (*1965)

Spezialist für Zahlen- und Gruppentheorie

renommierter Mathematiker, der Professor für Public Understanding of Science an der Universität Oxford ist (2022)

Mathematiker an der Universität Oxford und einer der weltweit besten und kreativsten Kommunikatoren seines Fachs (2022)

Wilhelm Schickard (1592-1635)

bedeutender Erfinder einer mechanischen Rechenmaschine

schrittweises logisches Schließen

Anlegen einer engen Fessel an das Denken, die viel zu eng für das Lebensgefühl unserer Tage ist, aber mit dem Preis, dass sichere Aussagen gewonnen werden

Schlusskette

ideenreiche Verbindung logischer Schlüsse

Vorhandensein mehrerer Schlüsse zwischen der ersten Annahme und der letzten Behauptung, wobei es mitunter höchst überraschend erscheint, dass sie verbunden werden können, woraus der klassische Kriminalroman seine Spannung und die Denksportaufgaben ihren Reiz beziehen

Marilyn vos Savant (*1946)

Briefkastentante der amerikanischen Zeitungsbeilage „Parade", die Antwort auf Fragen im Bereich der Mathematik und Logik gibt (1999)

Hans Schepers (1928-2021)

wissenschaftlicher Mitarbeiter der Bundestagsverwaltung, der das Verfahren von Sainte-Lague in den 1970-er Jahren bekannt machte

Frank Schirrmacher (1959-2014)

Publizist, der 2010 vor der „systematischen Selbstermächtigung moderner Gesellschaften durch mathematische Modelle" gewarnt hat

Roger Schlafly

Mathematiker von der University of California in Santa Cruz, der 1995 gemeinsam mit Joel Hass und Michael Hutchings einen ersten Erfolg bei der Lösung des Doppel-Blasen-Problems erzielen konnte (2000)

Schmetterlingseffekt

Metapher, um das chaotische Verhalten des Wetters zu veranschaulichen

Paradigma der Chaosforschung, nach dem der Flügelschlag eines Schmetterlings über der Karibik einen Wirbelsturm in China auslösen kann

Effekt von Luftwirbeln, die ein Schmetterling in China verursacht und zum Auslöser eines Hurrikans werden, der Wochen später über der Karibik tobt

Effekt, bei dem ein lange zurückliegender Flügelschlag eines Schmetterlings in Brasilien dafür verantwortlich sein mag, dass wir in Europa zum Regenschirm greifen müssen, anstatt uns eines sonnigen Tages erfreuen zu können

Idee des amerikanischen Meteorologen Edward Lorenz, der bei einer Wettersimulation am Computer entdeckte, dass das Ergebnis sehr stark von den Anfangsbedingungen abhängt

Myron Scholes (*1941)

amerikanischer Mathematiker, der mit Robert Merton und Fischer Black die Black-Scholes-Formel entwickelt hat und 1997 zusammen mit Fisher Black mit dem Nobelpreis für Ökonomie ausgezeichnet wurde

Peter Scholze (*1987)

Mathematiker am Hausdorff-Zentrum für Mathematik in Bonn, Direktor des dortigen Max-Planck-Instituts und Träger der Fields-Medaille (2018)

zweiter Fields-Medaillen-Preisträger aus Deutschland

Kultfigur der arithmetischen Geometrie und einer der besten Mathematiker der Welt:

„Scholze hat 2010 einen 288 Seiten langen Beweis von Michael Harris, Richard Taylor und Guy Henniart zu einem Problem der Zahlentheorie auf nur noch 37 Seiten zusammengestrichen, nachdem er einen Weg gefunden hatte, einige der kompliziertesten Passagen zu umgehen."

Hildegard Kaulen in „Revolutionäre Ideen ohne Ende" (FAZ, 2.8.2018)

mathematische Schönheit

das möglichst Einfache, Klare, das Wenige, aus dem viel hervorgeht

Ariadnefaden bei der Wahl des besten Weges durch das Labyrinth der Mathematik:

„Die Mathematiker benutzen Wörter wie schön und elegant sogar häufiger als wissenschaftliche Begriffe wie überzeugend und korrekt. Und, was noch interessanter ist: Dieses Gefühl für mathematische Schönheit stellt sich sehr häufig als der sicherste Führer bei der Wahl des besten Weges durch das Labyrinth der Mathematik heraus, als eine Art Ariadnefaden."

Don Zagier zitiert von Gesine Wiemer in „Mathematik ist schön" (FR, 19.5.2015)

Alfred Schreiber (*1946)

emeritierter Matheprofessor, von dem es ein Buch zur Dialektik von Lyrik sowie Zählen und Rechnen gibt: „Die Leier des Pythagoras – Gedichte aus mathematischen Gründen" (2022)

Schrittzähler

von Leibniz im Jahr 1673 erdachte erste Maschine, die alle vier Grundrechenarten ausführen konnte

Schrödingergleichung

partielle Differentialgleichung aus der Quantenphysik

Hermann Amadeus Schwarz (1843-1921)

deutscher Mathematiker, der 1884 bewiesen hat, dass die Kugel der Körper ist, der bei einem bestimmten Volumen die kleinste Oberfläche hat

666

Zahl des Tiers aus der Offenbarung des Johannes

Zahl, die man als die Summe der Quadrate der ersten sieben Primzahlen 2, 3, 5, 7, 11, 13 und 17 schreiben kann

Nathan Seiberg (*1956)

Physiker von der Rutgers Universität, dem zusammen mit Edward Witten eine mathematische Sensation gelungen ist, als sie ein Verfahren entwickelt haben, das Mathematikern nicht nur das Lösen von vierdimensionalen Gleichungen erleichtert, sondern auch eine der drängendsten Fragen der Kernphysik klären könnte (1995)

Charles Seife

amerikanischer Wissenschaftsjournalist, Mathematiker und Autor des Buches „Zwilling der Unendlichkeit. Eine Biographie der Null"

doppelte Seifenblase

mathematisch beste Lösung, wenn es darum geht, zwei bestimmte Luftmengen getrennt voneinander einzuschließen

selbstähnlich

unendlich in sich selbst enthalten Eigenschaft von geometrischen Gebilden, bei dem ein Ausschnitt, der vergrößert wird, dem Ganzen ähnelt, z. B. beim Blumenkohl

selbstelementig

Kunstwort für Mengen, die sich selbst als Element enthalten

Seldomsches Theorem

Theorem aus dem Roman „Roderers Eröffnung", das alle unterscheidbaren Fragen menschlichen Denkens mit einem Schlag erledigt

John Selfridge (1927-2010)

Mathematiker, der gemeinsam mit John Conway eine neidfreie Teilung unter drei Personen entwickelt hat

Selfridge-Conway-Verfahren

Verfahren für eine neidfreie Teilung unter drei Personen, das seit den 1960-er Jahren in der mathematischen Welt kursierte und nach seinen Entdeckern John Selfridge und John Horton Conway benannt ist

Eduard Selling (1834-1920)

Würzburger Mathematiker, nach dessen Plänen die Firma Ott Ende des 19. Jahrhunderts eine Multiplikationsmaschine fertigte

Reinhard Selten (1930-2016)

deutscher Spieltheoretiker und Nobelpreisträger für Volkswirtschaftslehre aus Bonn mit Abschluss als Diplommathematiker

Clemens J. Setz (*1982)

österreichischer Schriftsteller und studierter Mathematiker, der den Georg-Büchner-Preis 2021 bekommen hat

österreichischer Autor, den nicht das Studium der Literatur, sondern die Mathematik zum Schreiben inspirierte:

„Man denkt nicht so frei assoziativ, sondern in strengen Formen, und das hat mich eigentlich sehr viel mehr zum Erfinden von Geschichten gebracht."

Clemens J. Setz zitiert von Oliver Pietschmann in „Inspiriert von Mathematik" (Schwäbische Zeitung, 21.7.2021)

Sexagesimalsystem

von den Babyloniern verwendetes Zahlensystem mit der Grundzahl 60

Paul Seymour (*1950)

Bei AT&T forschender Brite, der mit seinen Kollegen 1995 einen neuen Beweis des Vierfarbensatzes vorlegte, der viel klarer als der von Appel und Haken ist und zumindest für Spezialisten nachvollziehbar ist (1995)

William Shakes (1812-1882)

britischer Professor, der es per Kopf und Hand bis an sein Lebensende auf über 700 Dezimalstellen der Kreiszahl Pi gebracht hat

Adi Shamir (*1952)

Miterfinder des RSA-Verfahrens

Lloyd Shapley (1923-2016)

Kalifornier, der gemeinsam mit David Gale einen Ansatz zur Lösung des Heiratsproblems präsentierte

Claude Shannon (1916-2001)

Vordenker, der dem Computer und der Informationstheorie den Weg bereitete

Mathematiker, nach dessen Definition die Größe Information die Wahrscheinlichkeit des Erscheinens eines Zeichens in einer Kette von Zeichen misst

Peter Shor (*1959)

Mathematiker aus den Vereinigten Staaten, der für seine bahnbrechenden Arbeiten zur Quanteninformatik den Nevanlinna-Preis erhielt

Mathematiker von den AT&T Forschungslabors in Florham Hill, der 1994 bewies, dass Quantencomputer die heute am häufigsten benutzten Geheimcodes problemlos knacken könnten (1998)

Mathematiker, der bewies, dass man mit einem Quantencomputer eine große Zahl viel schneller in ein Produkt von Primzahlen zerlegen kann als mit einem herkömmlichen Rechner

Zbyněk Šidák (1933-1999)

Mathematiker, der gemeinsam mit C. G. Khatri eine spezielle Lösung der Gaußschen Korrelationsungleichung vorgelegt hat, die in den späten 60-er Jahren weitreichende Anwendung in der Wahrscheinlichkeitsrechnung und Statistik fand

wilde Sieben

Ocean's Seven

Name für die sieben Meerengen in aller Welt, die es zu durchschwimmen gilt: neben dem Ärmelkanal den North Channel zwischen Irland und Schottland (34 Kilometer), die Straße von Gibraltar (14 km), den Kaiwi Channel zwischen den Hawaii-Inseln Oaku und Molokai (44 km), die Tsugarn-Straße zwischen den japanischen Inseln Honshu und Hokkaido (20 km), die Cook-Straße zwischen der Nord- und der Südinsel Neuseelands (26 km) und den Santa Catalina Channel in Kalifornien (34 km)

17

eine von nur insgesamt fünf Fermat-Zahlen, die auch eine Primzahl ist

Timm Sigg

Mathematikprofessor und Klavier-Kabarettist

Karl Sigmund (*1945)

Mathematiker, der im theoretischen Sandkasten Evolutionsbiologie spielt – mit dem Rüstzeug der Wahrscheinlichkeitsrechnung

Autor des Buchs „Games of Life", das 1997 unter dem Titel „Spielpläne" auf Deutsch erschien

Wissenschaftler vom Institut für Mathematik der Universität Wien, der nicht nur „Tit for Tat" und andere Spielstrategien genau unter die Lupe genommen hat, sondern auch parallel dazu gemeinsam mit Martin Nowak vom Zoologischen Institut der Universität Oxford analysierte, wie in der Natur Kooperation entstehen und sich halten kann, obwohl die natürliche Auslese nichts anderes als den individuellen Erfolg zu begünstigen scheint (1998)

Nathaniel Read „Nate" Silver (*1978)

Journalist und besessener Baseball-Statistiker, der Subjektivität mit Mathematik mischt und das Buch „Die Berechnung der Zukunft. Warum die meisten Prognosen falsch sind und manche trotzdem zutreffen" veröffentlicht hat

Forrest Simmons

amerikanischer Mathematiker, der 1980 als einer der Ersten ein Verfahren zum neidlosen Teilen unter n Personen entwarf

Simplex

höherdimensionales Dreieck

Isadore M. Singer (1924-2021)

Mathematiker vom Massachusetts Institute of Technology in Cambridge, der 2004 gemeinsam mit Sir Michael F. Atiyah für herausragende Arbeiten auf dem Gebiet der Indextheorie mit dem Abelpreis geehrt wurde (2004)

Simon Singh (*1964)

Bestsellerautor („Fermats letzter Satz"), der dem historischen Wettstreit um die Geheimhaltung die Wissenschaftsreportage „Geheime Botschaften" gewidmet hat

Singularitätentheorie

Disziplin, die sich mit dem für die Physik sehr zentralen Problem des Übergangs vom Kontinuierlichen zum Diskreten befasst

lineare Skala

Skala mit gleich langen Segmenten

logarithmische Skala

Skala, auf der die Segmente, die mit den Ziffern Eins bis Neun beginnen, immer kürzer werden

Skaleninvarianz

Invarianz bestimmter physikalischer Größen gegen Änderungen des Maßstabes

Charakteristikum der Fraktale

gerades Skelett

geometrische Figur, die entsteht, indem eine Figur selbstparallel nach innen schrumpft, wobei sich die Eckpunkte geradlinig nach innen bewegen und das besagte Skelett zeichnen

Skipjack

Chiffrierformel, die von der Nationalen Sicherheitsbehörde der USA (NSA) entwickelt wurde und von amerikanischen Behörden zum Übermitteln von verschlüsselten Nachrichten genutzt wird (1993)

Thoralf Skolem (1887-1963)

Mathematiker, der im Jahr 1923 primitiv rekursive Funktionen einführte

Martin Skutella (*1969)

Mathematiker von der Technischen Universität Berlin, der die vollständige Lösung des Handlungsreisenden-Problems für einen superoptimistischen und höchst unwahrscheinlichen Fall hält (2022)

Neil J. A. Sloane (*1939)

Zahlenreihen-Sammler

amerikanischer Mathematiker vom AT&T Shannon Lab in Florham Park/New Jersey, der Zahlenreihen sammelt, die aus positiven ganzen Zahlen bestehen, unendlich viele Elemente haben und außerdem nach einer festen Regel aufgebaut sind (2001)

Stephen Smale (*1930)

US-amerikanischer Mathematiker, der nach dem Vorbild Hilberts 18 Aufgaben für das 21. Jahrhundert formulierte, von denen die meisten prädestiniert für konstruktive Methoden sind (2000)

Raymond Smullyan (1919-2017)

Mathematiker und Autor des Buches „Wie heißt dieses Buch?", das half, Gödels Entdeckungen zu verbreiten

Ronald M. Solomon (*1948)

Mathematiker von der Ohio State Universität, der gemeinsam mit Richard N. Nyons die Revision des Beweises der Klassifikation der endlichen einfachen Gruppen koordiniert (1997)

Soroban

japanisches Rechenbrett

George Spencer-Brown (1923-2016)

englischer Mathematiker, der für eine Erfindung Niklas Luhmanns gehalten wurde – so genau passt der Kalkül, den er entworfen hat, in die soziologische Absicht der Systemtheorie

Emanuel Sperner (1905-1980)

Mathematiker, der 1928 einen Satz aus der Kombinatorik aufgestellt und bewiesen hat, der Grundlage für Simmons Verfahren für das neidlose Teilen ist

Sperner-Beschriftung

beliebige Beschriftung der inneren Ecken eines Sperner-Dreiecks mit den drei Zahlen, mit denen das umschließende Dreieck beschriftet ist

Theorem von Sperner

Tatsache, dass es bei einer Sperner-Beschriftung eines Sperner-Dreiecks immer mindestens eine Fliese gibt, deren Ecken drei verschiedene Zahlen tragen

1-Sphäre

Kreislinie

2-Sphäre

Oberfläche einer Kugel

3-Sphäre

Oberfläche einer vier-dimensionalen Kugel

perfekt gemischtes Spiel

Kartenspiel, das so gemischt ist, dass auch ein vollkommener Spieler nach dem Geben von keiner Karte wissen kann, wer sie erhalten hat

das mathematische Spiel

Art und Weise, wie Mathematik gelehrt wird – als Spiel, bei dem immer weiter abstrahiert wird:

„Der Schulstoff ist ganz prinzipiell für jeden versteh- und erlernbar. Das mathematische Spiel selbst ist aber natürlich nur endlich zugänglich und interessant. Und dieses Spiel heißt: Abstrahiere immer weiter. Abstrahiere von Zahlen zu Variablen, von Variablen zu Funktionen, dann schaffe Gebilde aus diesen Eigenschaften, dann untersuche die Eigenschaften dieser Gebilde usw. Ich selber habe dieses Spiel ein paar Jahre länger mitgespielt als Sie, dafür kann man mich mathematisch ‚begabter' als Sie nennen."

Wolfram Meyerhöfer im Interview mit Jens Wernicke in „Rechenschwäche gibt es nicht" (ND, 9./10.8.2014)

vollkommener Spieler

Spieler, der sekundenschnell und völlig fehlerfrei logisch denken kann

Spieler, der bei einem schlecht gemischten Kartenspiel durch logisches Schließen teilweise oder sogar vollständig herausbekommen kann, welcher Spieler welche Karten in der Hand hält

Spieltheorie

Mathematik der strategischen Sandkastenspiele

Theorie, die in den 1940-er Jahren entwickelt wurde, um das Konfliktverfahren von Menschen besser zu verstehen

Theorie, mit deren Methoden Börsengeschäfte, der Verkehrsfluss in Städten sowie die meisten Probleme aus der Sozial- und Verhaltensforschung angegangen werden

Bemühen, aus exakten Annahmen exakte Folgerungen zu ziehen, indem stark vereinfachte Modelle rationalen Verhaltens untersucht werden

evolutionäre Spieltheorie

Methode, um evolutionäre Prozesse mathematisch zu beschreiben

nichtkooperative Spieltheorie

abstrakt-mathematische Untersuchung von unternehmerischem Handeln auf oligopolistischen Märkten

formale Sprache

Sprache, in der jedes Sprachsymbol (Wort) exakt definiert ist, also frei von den in der natürlichen Sprache immer vorhandenen Assoziationen

Sprache, in der Mathematiker streng logisch argumentieren und die sich erheblich von der natürlichen Sprache unterscheidet

mathematische Sprache

Sprache, in die Mathematiker die Phänomene der Natur und Industrie übertragen, um die Probleme der Welt zu durchdenken und zu lösen

Springerkreis

Zugfolge, mit der der Springer jedes Feld eines Schachbretts genau einmal besucht und nach 64 Zügen wieder zu seinem Startfeld zurückkehrt

universelle Symbolsprache

System des Kleinarbeitens aller Fragen in schematische Verfahren des Durchrechnens

Jürgen Sprekels (*1948)

Direktor des Weierstraß-Instituts für Angewandte Analysis und Stochastik (WIAS) in Berlin, der sagt: „Vielen Ingenieuren ist gar nicht bewusst, welchen Beitrag die Mathematik bei ihren Problemen liefern kann." (1997)

Paul Stäckel (1862-1919)

deutscher Mathematiker, der den Vorschlag für den Namen und die Definition von Primzahlzwillingen gemacht hat

Statistik

Wissenschaft der Häufigkeit bestimmter Ereignisse

Fach mit zwei Gesichtern – einerseits die konkrete Datenanalyse, andererseits die abstrakte Mathematik, die man für die Erarbeitung und Verbesserung von Methoden benötigt

neben Lügen und dreisten Lügen die dritte Art zu lügen (Mark Twain)

Staudt-Preis

Karl Georg Christian von Staudt-Preis

Mathematikpreis, der alle drei Jahre von der Otto und Edith Haupt-Stiftung an der Universität Erlangen-Nürnberg verliehen wird

mit 120.000 Mark dotierter Preis für herausragende Leistungen auf dem Gebiet der Theoretischen Mathematik (2000)

rechtwinkliger Steiner-Baum

Muster der Bauteile auf einem Chip, die günstig platziert werden, und ihrer Verbindungen, die kurz und schnell sein müssen

Steiners Verhältnis

Existenz mindestens einer Lösung mit minimaler Gesamtlänge bei Kabeln für die Vernetzung einer Anzahl von Städten mit Datenleitungen

Hugo Steinhaus (1887-1972)

polnischer Mathematiker, der 1948/49 erste kleine Arbeiten zur neidfreien Teilung verfasste

polnischer Mathematiker, der ein Verfahren ersann, nach dem drei Akteure etwas unter sich aufteilen können, ohne dass sich einer betrogen vorkommen muss

polnischer Mathematiker, dem es gelungen ist, das Verfahren für ein neidloses Teilen eines Kuchens auf drei Kinder zu erweitern

Steinhaus' Verfahren

von Hugo Steinhaus entdecktes, einfaches Verfahren, mit dem man z. B. eine Pizza auf vier Menschen aufteilen kann

dezimales Stellenwertsystem

Darstellung der Zahlen, die es in der Renaissance überhaupt erst möglich machte, schriftlich zu rechnen

Bernd Stellmacher (*1944)

Mathematiker von der Universität Kiel, der für die Revision der Klassifikation der endlichen einfachen Gruppen an dem Teil über quasi-dünne Gruppen arbeitete (1997)

Ian Stewart (*1945)

Mathematiker von der University of Warwick, der im Jahre 1985 gemeinsam mit Martin Golubitsky eine mathematische Theorie zur Klassifizierung der in Netzwerken möglichen Schwingungsmuster entwickelt hat (1994)

Mathematiker von der University of Warwick und Verfasser der Kolumne „Mathematical Games" in der Zeitschrift „Scientific American" (1997)

Autor des Buchs „Die Reise nach Patagonien"

professionaler Mathematiker, der glänzend schreibt

Michael Stifel (1487-1567)

Theologe, dem wir das Rechnen mit der Unbekannten x verdanken

Mathematiker und Freund Martin Luthers

protestantischer Pfarrer, Weltuntergangsprophet und mathematischer Quereinsteiger im 16. Jahrhundert, der in seinem Buch „Deutsche Arithmetica" seine Leser Schritt für Schritt an das Rechnen mit unbekannten Größen heranführte

Stochastik

Mathematik vom Zufall und den Wahrscheinlichkeiten

Berechnung von Wahrscheinlichkeiten und Auswerten von Datensätzen

stochastisch

lediglich in Wahrscheinlichkeiten fassbar

Stricken

Umwandlung eines eindimensionalen Fadens in eine dreidimensionale Struktur

Stringtheorie

mathematische Theorie für alles, welche die Vereinheitlichung der Allgemeinen Relativitätstheorie und der Quantenmechanik vollbringen soll

Francis Su

Mathematiker, der 1999 einen Beweis von ihm und Forrest Simmons veröffentlicht hat, dass es auf jeden Fall immer eine neidfreie Teilung gibt

Wilhelm Süss (1895-1958)

Mathematiker und damaliger Rektor der Freiburger Universität, der 1944 erster Leiter des Mathematischen Forschungsinstituts in Oberwolfach wurde

symmetrisch

Eigenschaft, durch eine Bewegung auf sich selbst abgebildet zu werden, z. B. durch das Spiegeln an einer Achse oder durch eine Drehung

Turing

Daisuke Takahashi

japanischer Mathematiker von der Universität Tokyo, der zusammen mit Yasumasa Kanada die Zahl Pi auf 3,22 Milliarden Dezimalstellen genau berechnet hat

Yutaka Taniyama (1927-1958)

Japaner, der eine Vermutung über elliptische Kurven aufgestellt hat

japanischer Mathematiker, der im Jahr 1955 eine – für Nichtmathematiker beim besten Willen nicht verständlich zu machende – Vermutung über elliptische Kurven geäußert hat

Taniyama-Vermutung

Taniyama-Shimura-Vermutung, Taniyama-Weil-Vermutung

Vermutung, dass jeder elliptischen Kurve eine Modulform entspricht

Vermutung, dass sich jede elliptische Kurve durch eine Parametrisierung erfassen lässt

Vermutung, die Andrew Wiles mithilfe seines Schülers Richard Taylor bewiesen hat

Vermutung über elliptische Kurven, die Andrew Wiles 1993 bewiesen hat und damit nach einheitlichem Bekunden aller Fachleute die Schleuse für eine wahre Flut neuer mathematischer Einsichten und Anwendungen geöffnet hat

Vermutung, die zwar schon seit 40 Jahren ihres Beweises harrte, an deren Richtigkeit aber aus übergeordneten Gründen kein Mathematiker zweifeln durfte (1994)

Terence Tao (*1975)

Mathematiker von der University of California in Los Angeles, der gemeinsam mit Ben Green die Hardysche Vermutung bewiesen hat (2004)

Michael Tarsi

Mathematiker von der Universität Tel Aviv, der 1991 gemeinsam mit Noga Alon bewies, dass man außer für n gleich drei auch für n gleich vier oder sechs immer ein partielles lateinisches Quadrat finden kann (1994)

Rudolf Taschner (*1953)

Mathematik-Professor und Autor des Buchs „Das Unendliche"

Mathematikprofessor an der TU Wien, der schimpft, dass seine Kollegen ihr Fach als unbegrenzte Spielwiese betrachteten, auf der sie sinnentleerte Formeln hin- und herschöben (2000)

Mathematiker und Nationalrats-abgeordneter, der sich jahrelang der Popularisierung seines Fachs verschrieben hat (2021)

Mathematiker und Bildungs-sprecher des ÖVP-Parlaments-klubs (2022)

Wiener Mathematiker, der 2003 das Kulturprojekt Math.Space gründete:

„Mathematisch ausgedrückt liegt das Stammcafé von Rudolf Taschner in der Mitte eines Drei-ecks. Und zwar eines mit den Eckpunkten TU (steht für: Tech-nische Universität, wo er Vorle-sungen hält), MQ (also dem MuseumsQuartier, wo sich sein Math.Space befindet) und ZH (sein Zuhause). Gemeint ist das Café Sperl in der Gumpendorfer Straße, das Kaffeehaus mit der beeindruckenden holzvertäfelten Kassa, den weinrot gepolsterten Sitzbänken und den großen Billardtischen."

Anna-Maria Bauer in „Treffpunkt Wien: Zahlen bitte!" (kurier.at, 6.11.2016)

Alan Taylor (*1947)

Mathematiker, der über das gerechte Teilen nachgedacht hat

Mathematiker am Union College in Schenectady im US-Staat New York (1995)

Richard Taylor (*1962)

Schüler Andrew Wiles', der ihm beim Beweis der Fermatschen Vermutung geholfen hat

Oswald Teichmüller (1913-1943)

brillanter Nachwuchsmathemati-ker und als SA-Mitglied bekann-ter Student, der 1933 einer der Anführer des Studentenboykotts gegen Landau war und sich 1943 frühzeitig zur Ostfront meldete und fiel

Taylorentwicklung

Standardverfahren aus der Infini-tesimalrechnung zur sukzessiven Annäherung an eine Funktion über ihre Ableitungen

Max Tegmark (*1967)

Physiker, der glaubt, dass jede Struktur der Mathematik auch eine physikalische Entsprechung hat und wir Menschen eine Un-terstruktur dieses mathemati-schen Multiversums bewohnen

Teiler

Instrument, das Brüche liefert

Teiler-Findungsproblem

nicht-einfaches Problem, bei dem ein Teiler einer vorgege-benen k-stelligen Zahl z zu finden ist, von der bekannt ist, dass sie keine Primzahl ist

neidfreie Teilung

Zerlegung von Kuchen, Törtchen oder anderen Dingen, die von allen Beteiligten als gerecht empfunden wird

tertium non datur

Prinzip des ausgeschlossenen Dritten

Arbeitsprinzip, nach dem in der klassischen Mathematik z. B. eine Zahl entweder null oder von null verschieden ist

Tetraeder

platonischer Körper aus vier Dreiecken

Satz von Thales

Satz, nach dem ein Dreieck, bei dem zwei Eckpunkte auf den Endpunkten des Durchmessers eines Kreises liegen und der dritte Eckpunkt auf der Kreislinie liegt, in diesem Punkt einen Innenwinkel von 90 Grad hat

Theaitetos (ca. 415-369 v.Chr.)

Athener Mathematiker aus dem vierten Jahrhundert vor Christus, der für die regelmäßigen Polyeder bekannt ist

Theorem

beweisbarer Lehrsatz

Theoretische Informatik

Disziplin, die 1931 von einer bahnbrechenden Arbeit Gödels begründet wurde

René Thom (1923-2002)

1923 geborener Franzose, der mit seiner Dissertation über Kugel-Faserräume Anfang der 50-er Jahre einen nicht unwichtigen Beitrag zur zeitgenössischen Topologie geleistet hat

Singularitätstheoretiker, der schon 1958 die Fields-Medaille für seine Leistungen als Differentialtopologe und maßgeblicher Mitschöpfer der Theorie des Kobordismus erhielt

Mathematiker, der die Katastrophentheorie entwickelt hat

Charles Xavier Thomas (1785-1870)

Erfinder des Arithmometers, einer endlich praxistauglichen und in der Mitte des 19. Jahrhunderts in größeren Stückzahlen gefertigten Rechenmaschine

William P. Thurston (1946-2012)

Mathematiker und Preisträger der Fields-Medaille von 1982, der sogar einen Videofilm über einen seiner mathematischen Sätze drehen ließ und 1992 eine Konferenz veranstaltete, um die Möglichkeiten auszuloten, die die Virtual Reality für die Mathematik bietet

Anthony Thyssen

Mathematiker, der gemeinsam mit Pritchard und Moran die erste arithmetische Primzahlfolge mit 22 Gliedern entdeckte

Robert Tijdeman (*1943)

Mathematiker, der 1976 bewiesen hat, dass es bestenfalls eine endliche Anzahl weiterer Lösungen der Catalanschen Gleichung außer der bekannten mit 8 und 9 geben kann

Tit for Tat

Spielstrategie, bei der immer der vorherige Zug des anderen nachgemacht wird

Topologe

Mathematiker, der untersucht, wie und welche räumliche Strukturen erhalten bleiben, wenn man sie verformt:

„Topologen untersuchen, wie und welche räumliche Strukturen erhalten bleiben, wenn man ein geometrisches Objekt gedanklich schrittweise verformt. Für sie sind eine Kugel und eine Weinflasche ein und dasselbe. Eine Tasse und ein Unterteller dagegen nicht, da Erstere einen Henkel besitzt."

Andreas Platthaus in „Ein algebraischer Chirurg" (FAZ, 23.2.2018)

Topologie

Beschäftigung mit Eigenschaften von Körpern und Flächen, die erhalten bleiben oder auch nicht, wenn man diese streckt, verbiegt oder ähnlich deformiert, ohne sie auseinanderzureißen

Disziplin, die sich mit dem Strecken, Stauchen und Verknoten von allem Möglichen befasst

mengentheoretische Topologie

Hausdorffs große Schöpfung von Verbindungen zwischen Mengenlehre und Topologie

topologisch gleichwertig

mit derselben Zahl von Löchern:

„Da die Kugel kein Loch, der Fahrradschlauch eins und die Brezel zwei hat, sind diese Körper topologisch nicht gleichwertig. Dabei spielt die Größe und Form des Lochs keine Rolle."

René Wiegand in „Hohe Summen für Genies" (Rheinischer Merkur, 29/2000)

toroidal

wie ein Schwimmring aussehend

Torus

fahrradschlauchähnliches Gebilde

Torusbrett

toroidales Schachbrett

Schachbrett aus Gummi, das zu einer Rolle zusammengerollt ist, so dass die Ober- und die Unterkante des Bretts aneinanderstoßen, und bei dem anschließend die entstandene Rolle zu einem Ring gebogen wird, wodurch die beiden Öffnungen der Röhre, die von der linken und rechten Kante des Schachbretts gebildet werden, aufeinandertreffen

Totalvariationsabstand

mathematische Größe, die den Vermischungsgrad von Spielkarten beschreibt

Maß für die Wahrscheinlichkeit, mit der die wahrscheinlichste Kartenanordnung bei Spielkarten auch tatsächlich eintritt

Trajektorie

Flugbahn

transitiv

als Stammbaum darstellbar

nicht-transitiv

zu netzartigen Abbildern führend

Travelling Salesman

Film von Timothy Lanzone, der ein Kammerspiel über Mathematik, Computer und Verantwortung ist, in dem anderthalb Stunden fast nur geredet wird

Lloyd Nicholas Trefethen (*1955)

Mathematiker von der Universität Oxford, der ein Verfahren aus der Informationstheorie benutzte, um den Vermischungsgrad von Spielkarten zu beschreiben (2000)

Trigonometry

Musikdrama von Tom Johnson

Trillion

eine Eins mit 18 Nullen

trivial

Aussage von Mathematikern, wenn sich jede weitere Erklärung erübrigt und unter ihrer Würde wäre

Redensart, die bereits das Erstsemester in jeder beliebigen Vorlesung über Funktionentheorie oder Vektorräume zu hören bekommt

Pafnuti Lwowitsch Tschebyschow (1821-1894)

großer Mathematiker, der das Bertrandsche Postulat schon vor Erdös bewiesen hatte – aber sehr viel komplizierter

Warwick Tucker (*1970)

amerikanischer Mathematiker von der Cornell University in Ithaca im US-Gliedstaat New York, der bewies, dass der sogenannte Lorenz-Attraktor ein Fraktal ist (2002)

Alan Turing (1912-1954)

Engländer, der vor dem Zweiten Weltkrieg Grundlagenfragen klären wollte: Was kann man rechnen, was braucht man dafür?

britischer Mathematiker, der aus dem Gödelschen Unvollständigkeitssatz folgerte, dass es unentscheidbare logische Aussagen geben muss, und dessen Konzepte von Algorithmus und Berechenbarkeit eine entscheidende Rolle bei der Entwicklung des Computers spielten

Mathematiker, der wie Emil Post und Alonzo Church bewies, dass man keine Maschine bauen kann, die für alle entscheidbaren Sätze in endlichen Schritten berechnen kann, ob sie wahr oder falsch sind

Computerpionier, der ein Minimalmodell eines Rechenautomaten entwickelte

Erfinder des allgemeinsten, abstraktesten Modells eines Computers überhaupt

Mathematiker, der 1936 die Turing-Maschine vorstellte

genialer Mathematiker, der für die britische Regierung Funksprüche der deutschen Wehrmacht mit dem ersten elektromagnetischen Computer der Welt entschlüsselte

Ausnahmemathematiker, der auf der neuen 50-Pfund-Note mit einem Ausspruch zitiert wird, den er zu Beginn des Computerzeitalters 1949 gemacht hatte:

„Dies ist nur ein Vorgeschmack auf das, was kommen wird, und nur der Schatten dessen, was sein wird."

Mathematiker, der 1950 über die Frage nachdachte, wann man eine Maschine intelligent nennen könnte

großer Logiker und erster Vorahner, dass uns der Computer jeden Moment überholen könne

Turing-Award

ACM A. M. Turing Award

angesehenste Auszeichnung in der Informatik

im Jahre 1966 geschaffener Preis für Beiträge von dauerhafter und großer technischer Bedeutung für das Gebiet der Informatik

Turings Kathedrale

Buchtitel eines vom Technik-Historiker George Dyson erzählten Buchs über die Ursprünge des digitalen Zeitalters

Turingmaschine

Minimalmodell eines Rechenautomaten, durch den ein endloser Papierstreifen läuft, auf dessen Feldern jeweils ein Symbol aus einem endlichen Alphabet oder ein Leerzeichen steht und bei dem ein Lesekopf den Feldinhalt wahrnimmt und gemäß dem Inhalt ihrer Speicher, einen mit Registern für Symbole und einen mit Folgerungsregeln, reagiert

Turing-Test

Test, bei dem ein Programm, das einen Menschen fünf Minuten lang über sein wahres Ich im Unklaren lassen kann, als intelligent angesehen wird

von Alan Turing ausgedachtes Imitation Game, das bis heute als Lackmustest für die ultimative künstliche Intelligenz gilt

Original-Turing-Test

Test, bei dem ein Prüfer in einem Raum getrennt von zwei Prüflingen ist und herausfinden muss, welcher der beiden Mann, welcher Frau ist, wobei der Mann den Prüfer täuschen und so tun soll, als sei er eine Frau

Turings Traum

Frage, wie nah Computer den vielseitigen Fähigkeiten des menschlichen Gehirns kommen können:

„Der Unwille, sich die Möglichkeit einzugestehen, dass es für die Menschheit Rivalen im Bereich der Intelligenz geben könnte, ist unter intellektuellen Personen ebenso weit verbreitet wie unter ungebildeten: Sie haben mehr zu verlieren."

Alan Turing zitiert von Alexander Armbruster in „Turings Traum" (FAZ, 3.4.2021)

Turing-Trauma

aus der Logik herausgelöste Formulierung der Folgen des Halteproblems:

„Wenn Sie ein hinreichend komplexes Programm auf einem Computer implementieren, dann wissen Sie erst, nachdem es gelaufen ist, wie es sich tatsächlich verhält."

Marco Wehr in „Von der Unzuverlässigkeit des Zahlenzaubers" (FAZ, 18.1.2012)

Twitter Demetricator

Add-on für Internetbrowser, der sämtliche Zahlen auf der Twitter-Seite unsichtbar macht

Typ

Einteilung von Mengen, Mengen von Mengen usw., bei der eine Menge immer von einem höheren Typ ist als ihre Elemente

Typentheorie

Theorie, die der mathematischen Theorie dazu verholfen hat, Selbstreferenzprobleme auszuschließen

Theorie mit dem Leitgedanken, dass eine Menge sich genauso wenig selbst enthalten kann wie ein Behälter mit einer Anzahl von Kugeln

Unendlichkeit

Karen Uhlenbeck (*1942)

Mathematikerin, die wunderbare Tricks für die Lösung schwieriger nichtlinearer Differenzialgleichungen entwickelte, indem sie gewissermaßen aus dem Kleinen ins Große entfloh, um auf unendlichdimensionalen Mannigfaltigkeiten die globalen und topologischen Eigenschaften dieser Gleichungen zu untersuchen

Mathematikerin, der 2019 für ihr Lebenswerk der mit 7,5 Millionen norwegischen Kronen dotierte renommierte Abelpreis der Norwegischen Akademie der Wissenschaften verliehen wurde

Mathematikerin, die 1990 erst als zweite Frau nach Emmy Noether 1932 beim Internationalen Mathematikerkongress einen Plenarvortrag halten durfte

Stanisław Marcin Ulam (1909-1984)

Wissenschaftler, der das Atombomben- wie das Computerzeitalter mitbegründet hat

Wissenschaftler, der sich 1942 dem Manhattan-Projekt anschloss und der im Bau der Atombombe vor allem ein Mittel sah, um gegen Nazi-Deutschland zu kämpfen und Hitler beim Bau einer nuklearen Bombe zuvorzukommen

Kollege von Edward Teller, der ein Problem bei dessen Entwurf der Wasserstoffbombe erkannte und die Lösung fand

1909 als Sohn einer jüdisch-polnischen Familie in Lwiw geborener Mathematiker, der ab 1938 in den USA lebte, wo er als Fellow an der Elite-Uni in Harvard forschte

Ulams Spirale

wiederholendes Muster, das Primzahlen bildet, wenn man natürliche Zahlen quadratisch anordnet

Unbekannte

Buchstaben wie x und y, die in Gleichungen auftauchen

Die Unbekannte Größe

Roman von Hermann Broch, in dem sich die drei großen Strömungen der Grundlagenmathematik der späten 20-er Jahre finden

unendlich

sehr oft, unerreicht

etwas, das nach null, eins, zwei, drei irgendwann kommt

abzählbar unendlich

vergleichsweise kleine Sorte Unendlichkeit

Unendliches

Begriff, der so geheimnisvoll und von so philosophischer Bedeutung ist wie kein anderer Begriff der Mathematik

einer der fundamentalsten Begriffe, dem in der Wirklichkeit nichts gegenübersteht

keine Zahl, sondern ein Grenzbegriff

Zwillingsschwester der Null

kein fertiges Ganzes, sondern etwas, das als stets unvollständiges potentiell Unendliches gedacht werden müsse (Aristoteles)

Begriff, von dem es, was bewiesen ist, mehr als einen gibt, z. B. die Unendlichkeit der natürlichen Zahlen und die Unendlichkeit der reellen Zahlen

aktual Unendliches

Unendlichkeit, die sich in eine Hierarchie von Mengen unbegrenzt wachsender Größe gliedert, in der die unterste Stufe von den natürlichen Zahlen eingenommen wird und auf einer höheren Ebene die reellen Zahlen des mathematischen Kontinuums angesiedelt sind

potentiell Unendliches

Unendlichkeit, die lediglich als Möglichkeit existiert, immer einen Schritt weiter über die Grenzen des jeweils erreichten Endlichen hinauszugehen

rabenschwarze Unendlichkeit

eine nachtschwarze, mit Klavieren, Laborutensilien und Bildschirmen möblierte Unendlichkeit, mit der in Wladimir Odojewskis Drama „Mensch ohne Namen" in der Moskauer Inszenierung 2021 ein im 19. Jahrhundert geborener Renaissancemensch in Beziehung zu treten versucht

mathematisches Unwissen

mathematische Unbildung

etwas, das – wie Platon feststellte – seine Mitbürger zur Schau trügen, obwohl die Götter geometrische Verfahren verwendeten

Vierfarbentheorem

Chiara Valerio (*1978)

Mathematikerin, die über Wahrscheinlichkeitsrechnung promovierte, eine Menschheitsgeschichte der Mathematik geschrieben hat, die Abteilung für italienische Belletristik des Marsilius-Verlags leitet und argumentiert:

„Wer sich der Mathematik widme, lerne antidogmatisch und kritisch, kurz demokratisch denken."

Chiara Valerio zitiert von Andrea Dernbach in „Mathe ist Demokratie" (Tagesspiegel, 21.9.2021)

Verbandstheorie

ursprünglich rein mathematische
Disziplin, die als Theorie über
Begriffshierarchien gedeutet
und pädagogisch vermittelt
werden kann

Prinzip vom kleinsten Verbrecher

Prinzip, bei dem man annimmt,
es gäbe eine Lösung mit einem
kleinsten Z, aus der dann mit
Geschick eine Lösung konstruiert
wird, bei der das Z kleiner ist
als das ursprüngliche, wodurch
man einen Verbrecher geschaffen hat, der noch kleiner ist
als der kleinste, und damit
die Annahme, es gäbe eine
Lösung, ad absurdum geführt
wird

Beweisverfahren, bei dem man
mit großer Sorgfalt ein Ding
untersucht, das es gar nicht gibt,
um festzustellen, dass es das
Ding nicht gibt

Verhaltensökonomie

Forschungsdisziplin, die ein
auf den ersten Blick irrationales
Handeln mathematisch zu
erklären versucht

Ferdinand Verhulst (*1939)

niederländischer Mathematiker
und Autor des Buches
„Henri Poincaré. Impatient
Genius"

disjunkte Vereinigung

Zusammenhang unverbundener
Dinge:

*„Eine Weggabelung zum Bei-
spiel ist die disjunkte Vereinigung des Weges A, auf dem
man daherkommt, mit den beiden Fortsetzungen B und C in je
verschiedenen Richtungen. Die
drei sind in der Weggabelung
einerseits verbunden, aber andererseits unverbunden, sofern
man zwar entweder zurück auf A,
links nach B oder rechts nach C
gehen kann, aber nicht mehrere
davon gleichzeitig beschreiten –
‚oder' eben."*

Dietmar Dath in „Drei Leben, ein
Kopf" (FAZ, 25.6.2018)

Vermutung

Verdacht, der in der Mathematik
– im Gegensatz zur Gepflogen-
heit der Jurisprudenz – keineswegs zu den Akten gelegt wird,
wenn er sich als richtig erwiesen
hat, da der Beweis selbst, seine
Struktur, seine Ästhetik, seine
Pointe ins Geschichtsbuch der
Königin der Wissenschaften
eingeht

Gilbert Vernam (1890-1960)

US-amerikanischer Mathematiker, der einen unknackbaren
Code entwickelt hat

Mathematiker, der bereits 1918
zusammen mit Joseph Mauborgne einen Code entwickelte, der
im Prinzip nicht zu knacken ist

Vernam-Code

Code von Vernam und Mauborgne

Code, bei dem Sender und Empfänger zum Ver- bzw. Entschlüsseln über die gleiche zufällig gewählte Zahlenfolge verfügen müssen, die genauso lang ist wie der zu übermittelnde Text

Geheimcode, den schon Fidel Castro und Ché Guevara benutzten

theoretisch der sicherste Code der Welt:

„Wer nämlich Zeichen für Zeichen seiner Botschaft mit einer Zufallszahl verknüpft, hinterlässt keine mathematisch analysierbaren Spuren. Der Effekt auf den zu verschlüsselnden Text ist wie bei einem Fernsehbild, wenn gerade kein Sender empfangen wird: Nur Rauschen und Flimmern sind zu erkennen; die Botschaft ist nicht zu deuten. Um sie wiederherzustellen, benötigt der Empfänger genau die Zufallszahlen, die zum Verschlüsseln benutzt wurden, sonst hat auch er keine Chance, die Nachricht zu lesen. Ché Guevara konnte Fidel Castro in Kuba treffen, um die Zahlen auszutauschen. Und nicht nur im Film werden Agenten mit einem Koffer voller Zahlenkolonnen auf die Reise geschickt. Dies gilt bis heute als der einzig sichere Schlüsselaustauch. Die einzige Alternative ist die Quantenkryptographie."

Vasco Schmidt in „Der sicherste Code der Welt" (Berliner Zeitung, 19.8.1998)

symmetrisches Verschlüsselungsverfahren

Verschlüsselungsverfahren, bei dem derjenige, der den Schlüssel kennt, eine mit ihm verschlüsselte Botschaft auch wieder entschlüsseln kann

asymmetrisches Verschlüsselungsverfahren

Verschlüsselung, bei der ein Schlüssel zum Verschlüsseln, ein anderer zum Entschlüssen verwendet wird:

„Verschlüsselungsverfahren haben etwas Magisch-Geheimnisvolles, sogar bei Kinderfesten. Kleine Rechenkünstler bitten einen, sich eine Zahl zu merken. Dann soll man daran herumrechnen. Nennt man das Rechenergebnis dem Zauberer, so sagt er einem im Handumdrehen die ursprüngliche, geheime Zahl, die man sich gemerkt hat. Er entschlüsselt mit einem anderen, einfacheren Verfahren – während wir vorher mühsam hochgerechnet haben. Jeder kennt dieses Kinderspiel mit einem asymmetrischen Verschlüsselungsverfahren."

Fritz Jörn in „Wie?" (FAZ, 13.5.1997)

überchaotisches Verschlüsselungsverfahren

System, das darauf beruht, elektronisch erzeugte chaotische Schwingungen zwischen Sender und Empfänger so zu synchronisieren, dass nur zwischen diesen beiden Stationen die auf den Übertragungsweg chaotisch verwürfelten Daten verstanden werden können

Verschlüsselungsmethode, die perfekten Schutz bietet

Gammaverteilung

komplizierte Variante der Gauß-Verteilung

Normalverteilung

Gaußsche Normalverteilung, Gauß-Verteilung

Verteilung, die einer Glockenkurve ähnelt

glockenförmige Kurve, die die Häufigkeit, mit der unterschiedliche Größen auftauchen, beschreibt und seit langem eine Grundlage der Statistik ist

glockenförmige Gauß-Statistik, der viele Zufallswerte im Alltag annähernd gehorchen, seien es Intelligenzquotienten, Körpergrößen oder zufällige Messfehler

Maryna Viazovska (*1984)

aus der Ukraine stammende Mathematikerin, die als bisher zweite Frau mit der Fields-Medaille ausgezeichnet worden ist

Mathematikerin von der ETH Lausanne und zweite Trägerin der Fields-Medaille in 86 Jahren (2022)

Mathematikerin, die sich mit der Frage beschäftigt, wie man Kugeln möglichst raumsparend aufeinanderstapeln kann

Professorin mit dem Spezialgebiet der Zahlentheorie, die für ihre Lösung des Problems der Kugelpackung in den Dimensionen 8 und 24 mit der Fields-Medaille ausgezeichnet wurde

Mathematikerin, die 2016 beweisen konnte, dass achtdimensionale Kugeln anhand eines E8-Gitters angeordnet werden müssen, womit sie etwa 25 Prozent des Raumes ausfüllen - mehr ist in acht Dimensionen nicht möglich

VideoMath

erstes internationales Festival für Filme mit mathematischem Bezug (1998)

Viererbande

Gruppe der vier berühmten Mathematiker Sir Michael Atiyah, Raoul Bott, Singer und Hirzebruch, deren Arbeiten in gewisser Weise eng miteinander verknüpft sind

Vierfarbensatz

Vierfarbentheorem

Satz, der behauptet, dass zur Kolorierung einer beliebigen Landkarte vier Farben ausreichen

Feststellung, dass man jede Landkarte mit nur vier Farben kolorieren kann, so dass Länder mit gemeinsamen Grenzen unterschiedlich gefärbt werden

Satz, der behauptet, dass jede ebene (Land-)Karte endlich vieler zusammenhängender Gebiete mit vier Farben immer so gefärbt werden kann, dass keine gleichgefärbten Länder aneinandergrenzen, und dass dies mit drei Farben nicht immer möglich ist

Satz, bei dessen Beweis 1976 der Computer Arbeit abnimmt, die klar definiert ist

Vermutung, deren Korrektheit Kenneth Appel und Wolfgang Haken mit einem Computerbeweis in mehr als 1200 Stunden Rechenzeit zeigten

Satz, dessen Beweis bis heute auf den Gebrauch von Rechnern angewiesen ist

Vierspeziesmaschine

Rechenmaschine, die die vier Grundrechenarten beherrscht

Vigintillion

eine Eins mit 120 Nullen

von Archimedes erfundene Zahl

Cédric Villani (*1973)

Theoretiker der Gasbewegungen, der 2010 die Fields-Medaille erhalten hat

französischer Mathematik-Star und Autor des Buches „Das lebendige Theorem"

extrovertierter Mathematiker mit Künstlerschleife und Spinnenbrosche

Mathematiker und ehemaliger Macron-Anhänger (2022)

Paul Vitanyi (*1944)

Mathematiker vom holländischen Zentrum für Mathematik und Informatik in Amsterdam, der mit Ming Li und Tao Jiang ein Verfahren zur Überführung angeblicher Zufallsreihen gefunden hat (2000)

Volatilität

kurzzeitige Kursschwankungen

Maß, das mathematisch so etwas wie den Charakter des Raufs und Runters einer Aktie beschreibt

Hans-Joachim Vollrath (*1934)

Mathematiker, der sich vor allem durch seinen Einsatz für alle Belange der Lehrerbildung und für die Öffentlichkeitsarbeit Verdienste im Interesse der Wissenschaft erworben hat

Mathematiker, dessen Schwerpunkt der Forschungen auf dem Gebiet der Didaktik die Entwicklung und Förderung des funktionalen Denkens bei Kindern und Jugendlichen ist

Professor für die Didaktik der Mathematik an der Universität Würzburg (1994)

Autor von wissenschaftlichen Abhandlungen und Schulbüchern, der eine Sammlung historischer Rechengeräte aufgebaut hat und der Öffentlichkeit wissenschaftliche Probleme sowie kulturelle Beiträge der Mathematik im Rahmen aktiver Pressearbeit vorstellt (1994)

Wiles

Wahrheitsbelegungsproblem

Cooksches Problem

Problem aus der Logik, bei dem eine Anzahl von Aussagen unter Verwendung von „und", „oder" und „nicht" zu einer neuen Aussage verknüpft wird und gefragt wird, ob es dann möglich ist, den Einzelaussagen die Wahrheitswerte „wahr" oder „falsch" so zuzuordnen, dass die neue Aussage nach den Regeln der Logik den Wert „wahr" bekommen muss

mathematische Wahrheitssuche

ein manchmal in Sprüngen vollzogenes, störanfälliges und debattenbedürftiges soziales Unternehmen

Wahrheitswert

wahr oder falsch

Wahrscheinlichkeit

reelle Zahl irgendwo zwischen 0 (das ist unmöglich) und 1 (das passiert ganz sicher)

bedingte Wahrscheinlichkeit

Wahrscheinlichkeit, bei deren Behandlung man sich anschauen kann, ob ein positiver Selbsttest bedeutet, dass man wirklich Covid hat (2021)

Wahrscheinlichkeitsetikett

Adjektiv oder Adverb, das eine Abstufung einer Wahrscheinlichkeit bezeichnet, z. B. wenig bis hoch wahrscheinlich, mittelsicher, zweifelsfrei, eher wahrscheinlich als nicht

Wahrscheinlichkeitsrechnung

Teilgebiet der Mathematik, dessen Ursprung Mitte des 16. Jahrhunderts durch das Traktat „Über das Würfelspiel" des italienischen Naturforschers, Erfinders und Mathematikers Gerolamo Cardano kanonisiert wurde

Wahrscheinlichkeitstheorie

Mathematik des Zufalls

Disziplin, die Ende des 19. Jahrhunderts aus der Taufe gehoben wurde und sich mit dem Aufkommen von Computer-Experimenten im letzten Jahrhundert weiter etabliert hat

Wald-Gleichung

Verfahren aus der Stochastik, das bei der Ermittlung eines Optimums zwischen zwei Extremen hilft

Georg von Wallwitz (*1968)

Finanzexperte und ausgebildeter Mathematiker, der das Buch „Meine Herren, dies ist keine Badeanstalt" über das Wirken David Hilberts unter den Bedingungen seiner Zeit geschrieben hat

Alwin Walther (1898-1967)

Mathematiker, der 1934 am Institut für praktische Mathematik der Technischen Universität Darmstadt das System Darmstadt für Rechenschieber entwickelt hat

Hao Wang (1921-1995)

Logiker, der die von Robert Berger widerlegte Vermutung aufstellte, der zufolge man mit jedem Satz endlich vieler Kachelformen, mit dem sich eine ebene Fläche überhaupt lückenlos pflastern lässt, dieses nur periodisch tun könne

Ian Wanless (*1969)

australischer Mathematiker, der zusammen mit Brendan McKay die Anzahl lateinischer Quadrate 11-ter Ordnung ermittelt hat

Edward Waring (1736-1798)

Engländer, der sich schon um 1770 mit der Frage beschäftigt hat, wie viele Glieder eine arithmetische Primzahlfolge haben kann

Wavelet

Welle, die kurz um Null schwingt und dann ganz verschwindet

Funktion, die je nach Anwendung wie Wellen oder manchmal wie kleine Treppchen aussieht

kleine Welle, mit deren Hilfe sich große Datenmengen schneller auswerten oder für Übertragungen verdichten lassen

Funktion, mit der man bei geschickter Anwendung aus chaotisch anmutenden Signalen die Stärke einzelner Schwingungen herauslesen kann

mathematisches Objekt, das sich für die Bildkompression als so geeignet erwiesen hat, dass der Bildkompressionsstandard JPEG 2000 im Internet darauf beruht

Multiwavelet

viele Wellchen

Funktion, die Matrixfilter liefert, die viele Vorteile bisheriger Waveletfilter haben und obendrein auch symmetrisch sind

Wavelet-Theorie

Mathematik der kleinen Wellen

Methode, die bei der Datenkomprimierung eingesetzt wird

Theorie, die Ende der 80-er Jahre des 20. Jahrhunderts aus einer Synthese von Ansätzen aus der Signalverarbeitung, der Elektrotechnik, der Geowissenschaften und der Mathematik entstand

Wavelet-Transformation

Transformation, die für die Analyse komplexer Signale wie maßgeschneidert ist

Transformation, die Signale – z. B. von Fotos – in eine Folge von Zahlen verwandelt, aus der sich alle wesentlichen Merkmale des Signals ablesen lassen, bei Fotos z. B. die Umrisse abgebildeter Gegenstände

Robert Webster

Mathematiker von der Universität Sheffield, der mit Yasumasa Kanada befreundet ist und den Reiz der Pi-Herausforderung so erklärt: „Es ist wie mit dem Mount Everest. Die Menschen wollen den Gipfel einfach deshalb stürmen, weil es ihn gibt." (1996)

Ingo Wegener (1950-2008)

Mathematiker an der Universität Dortmund, der gemeinsam mit Martin Löbbing die exakte Zahl verschiedener Springerkreise bestimmt hat (1996)

Karl Weierstraß (1815-1897)

Begründer der komplexen Analysis

Lehrer Cantors

berühmter Mathematiker in Berlin, der Sofja Kowalewskaja ab 1870 vier Jahre Privatunterricht gab, weil sie nicht zum Studium an der Universität zugelassen wurde

legendärer Nestor der preußisch-deutschen Mathematik

Mathematiker, der 1860 das erste Seminar an einer deutschen Universität gründete, das ausschließlich der Erforschung und Lehre der höheren Mathematik diente

Mathematiker, der die Mathematik an der Berliner Universität Unter den Linden zu einer Blüte führte

Akademiemitglied und Rektor der Berliner Universität 1873/74

Weierstraß-Institut für Angewandte Analysis und Stochastik (WIAS)

Institut, das am 1. Januar 1992 auf Empfehlung des Wissenschaftsrates in Berlin als Institut der Blauen Liste (aus einem evaluierten AdW-Institut) gegründet wurde (1997)

André Weil (1906-1998)

französischer Mathematiker, von dem das Theaterstück „I is a strange loop" von Marcus du Sautoy handelt

Mark B. Wells

Mathematiker vom Los Alamos Scientific Laboratory in Neumexiko, der das Damenproblem mit dem Computer bearbeitete und 1971 die korrekten Zahlen für das 12*12 und 13*13 Schachbrett veröffentlichte (2000)

Hermann Weyl (1885-1955)

Mathematiker, der einmal sagte, dass er – wenn er die Wahl hätte zwischen einer mathematischen schönen Theorie und einer hässlichen, die jedoch mit gewissen Versuchsergebnissen übereinstimmte – sich für die schöne Theorie entscheiden würde

Mathematiker, der die mathematischen Grundlagen zu Einsteins Relativitätstheorie legte und zwar eingestand, dass das Haus der Mathematik zu einem wesentlichen Teil auf Sand gebaut sei, sich aber dennoch nicht vollends der Brouwerschen Revolution, wie er es nannte, anschließen wollte

Harrison C. White (*1930)

amerikanischer Soziologe, der als Physiker promovierte und der stets in einer besonderen Art an formalen Modellen für soziale Abläufe interessiert ist, bei der er Algebra nicht zur Kontrolle der Theorie einsetzt, sondern zu ihrer Beflügelung

Alfred North Whitehead (1861-1947)

Mathematiker, der mit Bertrand Russell die Typentheorie entwickelt hat

Mathematiker und Philosoph, der mit Bertrand Russell die „Principia Mathematica" herausbrachte

James Whittaker (1931-2018)

Mathematiker, der im Jahre 1966 zeigen konnte, dass beim Bergsteigerproblem nicht jeder Gebirgszug synchron bestiegen werden kann

Mathematiker, der meinte, dass beim Bergsteigerproblem nur dann die beiden Bergsteiger immer die gleiche Höhe halten könnten, wenn das mathematische Gebirge endlich viele Gipfel hat und wenn es keine ebenen Strecken gibt

Widerspruchsbeweis

Trick, der bei vielen mathematischen Beweisen angewendet wird:

„Wenn man etwas nicht direkt zeigen kann, nimmt man einfach das Gegenteil an und beweist, dass dies nicht möglich ist. Manchmal sind so auf den ersten Blick komplizierte Probleme ganz einfach zu lösen."

Gesine Wiemer in „Mathematik ist schön" (FR, 19.5.2015)

widerspruchsfrei

nicht zu einem Widerspruch führend

Norbert Wiener (1894-1964)

KI-Pionier

Avi Wigderson (*1956)

Informatiker, der zeigen konnte, dass es Null-Kenntnis-Beweise für eine große Klasse mathematischer Sätze gibt

Mathematiker, der den Nevanlinna-Preis erhielt

Informatiker, dessen Arbeiten reine Mathematik sind, obwohl es um Rechenautomaten und Probleme der Berechenbarkeit geht

Eugene Wigner (1902-1995)

US-amerikanischer Mathematiker und Physiker, der 1960 die „unreasonable effectiveness of mathematics in the natural science" beschrieb:

„Das Wunder, dass sich die Sprache der Mathematik für die Formulierung der physikalischen Gesetze eignet, ist ein herrliches Geschenk, das wir weder verstehen noch verdienen."

zitiert in „Pipeline zur Wahrheit" (Zeit, 20.8.1998)

Andrew Wiles (*1953)

Mathematiker, der die Fermatsche Vermutung bewiesen hat

Mathematiker, der Ende Juni 1993 in Cambridge seinen Beweis der Fermatschen Vermutung der erstaunten Fachwelt präsentierte

Brite, der stehenden Applaus für seine spektakuläre Lösung des 300 Jahre alten Fermatschen Problems erhielt

britischer Wissenschaftler, durch den die Mathematik in die Schlagzeilen der Weltpresse geraten ist

Princeton-Mathematiker, dem der Beweis der Fermatschen Vermutung mit Mitteln der modernsten Mathematik gelang (1998)

englischer Mathematiker, dessen Arbeit über den Fermatschen Satz 200 Seiten füllt

in Princeton lehrender Brite, der 1997 die Siegerurkunde für den Wolfskehl-Preis von der Akademie der Wissenschaften in Göttingen entgegennahm (1998)

für seinen Beweis des Fermatschen Satzes berühmt gewordener Mathematiker, der bereits 41 Jahre alt war, als er seiner komplizierten Beweiskette das letzte und entscheidende Glied hinzufügte und damit zu alt für eine Fields-Medaille war und stattdessen auf dem Weltkongress der Mathematiker 1998 eine eigens für ihn entworfene Silberplakette erhielt

Mathematiker, der durch seinen Beweis des Fermatschen Satzes zum berühmtesten Mathematiker der Gegenwart aufgestiegen ist

britischer Mathematiker und Held des Buchs „Fermats letzter Satz", der freimütig gestand: „Ich war von diesem Problem so besessen, dass ich acht Jahre lang an nichts anderes dachte – vom Aufstehen bis zum Schlafengehen."

unfreiwilliger Popstar, schüchterner Star:

„Andrew Wiles ist ein schüchterner Star. Still, mit einem etwas verzagten Lächeln steht er in einem Saal der Technischen Universität und tut so, als merke er nicht, dass sich Studenten und selbst altgediente Professoren verstohlen anstoßen und mit einer kurzen Kopfbewegung auf ihn zeigen. Da steht er, sagen sie, der Mann, der das scheinbar Unmögliche geschafft hat. Wiles, Professor für Mathematik an der Universität Princeton, ist die Attraktion auf dem 23. Internationalen Mathematik Kongress (ICM), auf dem sich in den kommenden zehn Tagen 3500 Mathematiker aus aller Welt versammeln werden. Denn Wiles ist es nicht nur gelungen, die Fermatsche Vermutung zu beweisen – ein Problem, an dem sich Generationen von Mathematikern 350 Jahre lang die Zähne ausgebissen hatten –, sondern er ist auch so etwas wie ein unfreiwilliger Popstar. Der Journalist Simon Singh hat ein Buch über ihn und das alte mathematische Rätsel geschrieben, ein Buch, das mit einer mathematischen Notiz beginnt, die der französische Amateurmathematiker Pierre de Fermat 1607 auf einen Buchrand kritzelte und das mit dem triumphalen Erfolg eines Wissenschaftlers endet. Singh schildert, wie Wiles neun Jahre lang in seinem Zimmer saß und nur mit Bleistift und Papier nach der Lösung für dieses Problem suchte, das auf den ersten Blick so einfach aussieht, dass ein Kind begreift, worum es geht. Auch Wiles hat es als Kind erwischt. Mit zehn, sagt er. Als er dann 35 Jahre später die Lösung hatte, ließ der Zahlentheoretiker seine erstmal auf dem Schreibtisch liegen und ging spazieren – voller Angst, dass sie sich in Luft auflösen könnte."

Meike Bruhns in „Ein britischer Popstar der Zahlentheorie" (Berliner Zeitung 18.8.1998)

Rudolf Wille (1937-2017)

anerkannter Experte für algebraische Geometrie an der Technischen Universität Darmstadt, der verlangt, dass sich die Mathematik auch inhaltlich verändert und dessen Kampfruf „Rückführung zur Anschauung" ist (1995)

Algebraiker von der TU Darmstadt, der im Gegensatz zu den meisten seiner Kollegen nicht nur Mathematik treiben, sondern auch über sie und ihre Bedeutung für die Gesellschaft nachdenken will (1997)

Ernst Witt (1911-1991)

einer der bedeutendsten Mathematiker des 20. Jahrhunderts, dem nachgesagt wurde, er sei der schnellste Denker seiner Zeit gewesen

Edward Witten (*1951)

Vertreter der theoretischen Physik und Preisträger der Fields-Medaille von 1990, der maßgeblich an der schillernden Idee der Stringtheorie beteiligt war

Physiker vom Institut für Fortgeschrittene Studien (IAS) in Princeton, dem zusammen mit Nathan Seiberg eine mathematische Sensation gelungen ist, als sie ein Verfahren entwickelt haben, das Mathematikern nicht nur das Lösen von vierdimensionalen Gleichungen erleichtert, sondern auch die Frage klären könnte, welche Kraft die Quarks zusammenhält

Stephen Wolfram (*1959)

Schöpfer der „Mathematica"

Mathematiker, der in England aufwuchs, seine Karriere als Wunderknabe der theoretischen Physik begann, seinen ersten Aufsatz mit 15 Jahren veröffentlichte, mit 20 promovierte und ein Jahr später mit dem MacArthur-Preis einen der wichtigsten Wissenschaftspreise in den USA erhielt

Physiker, der sich mit Ende 20 von der Wissenschaft verabschiedete und eine Software-Firma gründete

Computerformenkundler, dessen Hauptwerk „A New Kind of Science" heißt und der darin Abschied von der Mathematik nimmt und ein neues Weltbild entwirft

Paul Wolfskehl (1856-1906)

Arzt und Mathematiker, der 1905 testamentarisch einen Preis von 100.000 Goldmark für die Lösung des Fermatschen Problems aussetzte

Wolfskehl-Preis

von der Göttinger Gesellschaft der Wissenschaften 1907 ausgelobter und mit 100.000 Mark dotierter Preis für die Lösung der Fermatschen Vermutung

Würfel

platonischer Körper aus sechs Vierecken

X

x

unbestimmte Zahl. Unbekannte

x-mal

in einer hohen, aber unbestimmten Zahl

sehr oft

Yang-Mills-Gleichungen

Y-Achse
Höhe der Datenpunkte

Kit Yates (*1985)
Mathematiker, der in Oxford studierte und in seinem Buch „Warum Mathematik (fast) alles ist und wie sie unser Leben bestimmt" mit kuriosen Geschichten vom Spiel der Zahlen erzählt

Yang-Mills-Gleichungen
Gleichungen, die einen Bezug zwischen der Elementarteilchenphysik und der Geometrie sogenannter Faserbündel herstellen

Gleichungen der Hochenergiephysik, deren Lösung eines der sieben Fundamentalprobleme der Mathematik mit einem Preisgeld von einer Million Dollar ist

Jean-Christophe Yoccoz (1957-2016)
Franzose und Preisträger der Fields-Medaille

Mathematiker, dem es zu beweisen gelang, dass fast alle Punkte einer Mandelbrot-Menge eine lokal zusammenhängende Umgebung besitzen

Peyton Young (*1945)
US-amerikanischer Mathematiker, der 1982 gemeinsam mit Michael Balinski bewies, dass es bei einer vorgegebenen Gesamtzahl Abgeordneter und ganzzahliger Sitzplatzverteilung kein Verfahren geben kann, das die Zahl der für eine Partei abgegebenen Stimmen in jedem Fall in die Zahl der dieser Partei zustehenden Abgeordneten umrechnen könnte

Zahl

Lofti A. Zadeh (1921-2017)
Pionier der Fuzzy-Logik

Mathematiker, der 1965 mit der klassischen Logik brach

im kalifornischen Berkeley tätiger iranischer Professor, auf den die Theorie der unscharfen Mengen zurückgeht (1993)

Don Zagier (*1951)
Wunderkind der Mathematik, das mitten in einer weltweiten Odyssee seiner vom Hitlerregime geschundenen Familie zufällig in Heidelberg geboren wurde, mit 13 in Amerika die High School abschloss, mit 16 am berühmten Massachusetts Institute of Technology seine Diplome in Mathematik und Physik erwarb und mit 20 seinen Doktor in Oxford machte

Wissenschaftler, der bahnbre-
chende Arbeiten auf dem Gebiet
der Zahlentheorie geleistet hat

Mathematiker vom Max-Planck-
Institut für Mathematik (1993)

geschäftsführender Direktor des
Max-Planck-Instituts in Bonn
(1996)

Mathematiker, der den Karl Georg Christian von Staudt-Preis für
herausragende Leistungen auf
dem Gebiet der Theoretischen
Mathematik erhalten hat (2000)

amerikanischer Direktor am
Bonner Max-Planck-Institut für
Mathematik und Mathematische
Physik, der sagt, „dass es Probleme gibt, die tief sind, und solche,
die zu nichts führen, dass aber
keine Methode existiert, es ihnen
anzusehen, die einen schon
vorher von den anderen zu
unterscheiden." (2011)

Zahl

erstes Abstraktum, das uns im
Leben begegnet

Ding, das im Kopf entweder
als Bild oder als Sprache
verarbeitet wird

kulturelle Erfindung wie das
Schriftsystem oder Fahrradfahren

Gebrauchsgegenstand

Zahlen

laut Plato himmlische Ideale,
die außerhalb von Raum und
Zeit in einem Reich von Ideen
existieren

Dinge, die wie Farben und Düfte
Erinnerungen bei uns wecken

keine platonischen Ideale,
sondern neurologische
Schöpfungen

Größen, die in Form von Statisti-
ken, Rankings und Evaluationen
das gesellschaftlich-politische
Denken dominieren, aber kein
Ersatz für Urteilskraft, Erfahrung
und praktische Vernunft sind

Dinge, mit denen es sich wie mit
Kanzlerkandidaten, Popstars und
Kontoauszügen verhält: Nicht
alle sind gleich schön und nicht
alle gleich wichtig

Gebilde, von denen wir im Alltag
derart umgeben und abhängig
sind – von Börsendaten, Sporter-
gebnissen, Wahlresultaten, Son-
derpreisen und Abflugzeiten –,
dass wir kaum noch Zeit haben
zu fragen, woher sie eigentlich
kommen

etwas, das nicht lügt, aber mit
dem gelogen werden kann

Dinge, die die geläufigen Ge-
brauchsmuster unserer Kultur,
Geschichte und Biologie
reflektieren

eine mühsam über Jahrhunderte
erworbene kulturelle Errungen-
schaft

Sprossen auf einer Leiter, die
man braucht, um das zu finden,
was einen wirklich interessiert:
das Unendliche

Schlüssel zum Verständnis der
Welt

algebraische Zahlen

Lösungen von Polynomialgleichungen mit ganzzahligen Koeffizienten, z. B. Wurzel 2 als Lösung von $x^2=2$

befreundete Zahlen

Zahlenpaar, bei dem die Summe der echten Teiler der einen Zahl (zu denen die Zahl selbst nicht gehört) die andere ergibt und umgekehrt, z. B. 220 und 284, da $1+2+4+5+10+11+20+22+44+55+110=284$ und $1+2+4+71+142=220$

besondere Zahlen

Klasse von Zahlen, die nicht jeder kennt und denen Mathematiker manchmal originelle Namen geben

Binärzahlen

Zahlen, die in der Informatik Verwendung finden

Catalan-Zahlen

Zahlen, mit denen man unter anderem die Anzahl der Einklammerungsmöglichkeiten von Produkten für sukzessive Auflösungen bestimmt

etruskische Zahlen

Zahlen, die aus den Kerbzahlen hervorgegangen sind

Brouwersche Zahl

von Brouwer konstruierte Zahl, von der niemand sagen kann, ob sie Null ist oder nicht:

„Vor dem Komma schrieb er eine 0. An die erste Stelle dahinter sollte nur dann eine 7 stehen, wenn die erste Nachkommastelle von Pi gleich 7 wäre, sonst eine 0 – also 0,0… An der zweiten Nachkommastelle sollte eine 7 nur dann verzeichnet werden, wenn die zweite und die dritte Nachkommastelle von Pi beide 7 lauteten, sonst eine 0 – also 0,00… Auf die dritte Nachkommastelle sollte eine 7 kommen, wenn an der vierten, fünften und sechsten Nachkommastelle von Pi jeweils eine 7 stände, sonst eine 0 – folgt 0,000… Es ist klar, wie die Vorschrift weitergeht. Je größer der Abstand einer Ziffer in der Brouwerschen Zahl vom Komma, desto mehr Siebener müssen in Folge bei Pi auftreten, damit sie von Null verschieden ist. Mittlerweile haben Computer Pi auf vier Milliarden Stellen genau berechnet. Eine ausreichend lange Sequenz von Siebenen tauchte kein einziges Mal auf. Die Brouwersche Zahl beginnt daher mit sehr vielen Nullen hinter dem Komma. Doch ob sie wirklich gleich Null ist, wissen wir nicht und werden es wohl nie wissen. Denn es gibt unendlich viele Nachkommastellen von Pi, keiner wird sie alle jemals durchsehen können."

Wolfgang Blum in „Null oder nicht Null?" (Zeit, 18.5.2000)

Eulersche Zahl

e

2,718...

fundamentale Konstante

Zahl, ohne die Wachstum und Zerfall nicht fassbar wären

fröhliche Zahlen

Zahlen, bei der folgendes Verfahren eine 1 ergibt: Die einzelnen Ziffern der Zahl werden quadriert und aufsummiert, das Ergebnis wieder so behandelt, bis die berechnete Folge den Wert 1 erreicht, z. B. 23, da $2^2+3^2=13$, dann $1^2+3^2=10$, dann $1^2+0^2=1$

ganze Zahlen

offensichtlich eine Erfindung des menschlichen Geistes, ein selbstgeschaffenes Werkzeug, das es erleichtert, bestimmte sensorische Erfahrungen zu ordnen (Albert Einstein)

Dinge, die wir brauchen, da wir in einer Welt unterscheidbarer beweglicher Objekte leben (Stanislas Dehaene)

Zahlen, die die Evolution in unserem Nervensystem fest verdrahtet und damit Mathematik in die Architektur unserer Gehirne eingraviert hat

Zahlen, die sich eindeutig in Primfaktoren zerlegen lassen

Gregorysche Zahlen

spezielle Zahlen, die für die Berechnung der Kreiszahl Pi von Bedeutung sind

gute Zahlen

Zahlen, die Zuspruch ausdrücken

Geschäftszahlen mit steigendem Betriebsgewinn

erfreulich hoher Umsatz oder Gewinn eines Unternehmens oder einer ganzen Branche

harte Zahlen

Zahlen, die sich nur geringfügig beeinflussen lassen

ideale Zahlen

Sorte Zahlen, die zwar Teiler von Zahlen aus bestimmten Zahlenmengen sind, diesen aber selbst nicht angehören

imaginäre Zahlen

Zahlen, die entstehen, wenn man aus negativen Zahlen die Wurzel zieht

Zahlen, die man als Lösungen von Gleichungen wie $x^2+1=0$ und $x^2+x+1=0$ erhält

indisch-arabische Zahlen

im späten 15. Jahrhundert eingeführte Zahlen, auf deren Basis eine mathematische Formelsprache mit Plus- und Minuszeichen, Malpunkt und Wurzelhaken entwickelt wurde, die wir heute auf der ganzen Welt benutzen

Zahlen, die die römischen Zahlen ablösten und die Mathematik zu einer Wissenschaft machten

irrationale Zahlen

Zahlen, die sich nicht als Bruch darstellen lassen

Zahlen, deren Kommaschreibweise nie abbricht

Zahlen, die immer unendlich viele Stellen hinter dem Komma haben, die sich jedoch niemals periodisch wiederholen

Zahlen, deren jede einzelne Kommastelle extra berechnet werden muss, da sich keine Logik, kein Muster bei der Aneinanderreihung der Ziffern ergibt, z. B. Pi, Wurzel aus 2

Kardinalzahlen

Zahlen, mit denen man die Anzahl der Elemente einer endlichen Menge bezeichnet

große Kardinalzahlen

sehr große unendliche Zahlen, deren Existenz nicht bewiesen oder widerlegt werden kann

letzte Zahl

vermeintliche Zahl am Ende der Unendlichkeit, die metaphysischen Erkenntnisgewinn verspricht:

„Kagot, der sich mühsam zur Vernunft emanzipiert hat und bereits die Grundrechenarten beherrscht, kommt mit der mathematischen Unendlichkeit nicht klar. ‚Die Suche nach der letzten Zahl', an deren Ziel er einen metaphysischen Erkenntnisgewinn glaubt, wird ihm zur Manie. Mit trauriger Naivität addiert Kagot monströse Zahlenkolonnen und vernachlässigt darüber seine Pflichten, bis Amundsen ihn aus dem Dienst entlässt. Die Geschichte endet tragisch: Für die Zeichen der Natur blind geworden, geht der Schamane im Küsteneis zugrunde."

Thomas Kastura über Juri Rytchëns „Die Suche nach der letzten Zahl" in „Am Ende der Unendlichkeit liegt das Eis Sibiriens" (Rheinischer Merkur, 1.12.1995)

lügenhafte Zahlen

bewusst unwahre Zahlen:

„Haushaltskommissar Günther Öttinger sagte am Mittwoch in Brüssel, er habe in den vergangenen Tagen Meldungen über ‚völlig unwahre, lügenhafte Zahlen' zu den Nettobeiträgen verschiedener Mitgliedsstaaten gelesen."

Werner Mussler in „Oettinger: Lügenhafte Zahlen" (FAZ, 31.10.2019)

Kerbzahlen

Zahlen, die man als Kerben ins Holz ritzte

komplexe Zahlen

Zahlen, die nicht auf der vertrauten Zahlengerade liegen, sondern uns als Punkte der Ebene vor Augen treten

Zahlen, die man aus zwei reellen Zahlen x und y zusammensetzen kann, indem man die Summe x+yi bildet

Zahlen, die man als Lösungen von Gleichungen wie $x^2+1=0$ und $x^2+x+1=0$ erhält und an denen nichts komplex ist, da sie einfach definierte Objekte sind, mit denen man gut rechnen kann und die sich für Anwendungen wie die Quantenmechanik als nützlich herausgestellt haben

Zahlen, mit denen man viele geometrische, dynamische, physikalische Probleme in zwei Dimensionen behandeln kann

Zahlen, die aus Physik und Elektrotechnik nicht mehr wegzudenken sind

Zahlen, mit denen man in der Mathematik seit mehr als drei Jahrhunderten rechnet

Mersennezahlen

Zahlentyp der Form 2^p-1, wobei p eine Primzahl ist

Monsterzahlen

die sehr hohen Umsatzzahlen von multinationalen Großkonzernen

natürliche Zahlen

die schlichten Zahlen 1, 2, 3, 4, 5…

Zahlen, die wir beim Abzählen von Dingen benutzen

Zahlen, die man an Fingern und Zehen abzählen kann

erste Zahlen, die wir als Kind gelernt haben

Zahlen, die sich dadurch auszeichnen, dass jede von ihnen einen eindeutigen Nachfolger hat

Zahlen, zu denen neben den geraden Zahlen auch die ungeraden Zahlen gehören und von denen jede entweder eine Primzahl ist oder ein Produkt aus Primzahlen darstellt

Ordinalzahlen

Zahlen, die man verwendet, um die Position eines Elements in einer geordneten Menge zu beschreiben

Phantasiezahlen

von Unternehmen gemeldete Zahlen, die mit der Wirklichkeit bei Weitem nicht übereinstimmen

normale Zahlen

irrationale Zahlen, deren Ziffern
auf ihren unendlich vielen Stellen
statistisch gleichmäßig verteilt
sind:

*„Das heißt, alle zehn Ziffern von 0
bis 9 müssen in einer normalen
Zahl jeweils mit einer zehnpro-
zentigen Häufigkeit auftreten.
Aber auch alle hundert Ziffern-
paare von 00 bis 99 müssen
gleich häufig vorkommen. Und
das Gleiche muss auch für alle
Dreierkombinationen von Ziffern,
Viererkombinationen und so
weiter gelten. Die Ziffernfolge
1111111 beispielsweise, der
Todestag von John Lennon
(08121980) und die Anfangs-
ziffern von Pi (3141592) treten
folglich gleich oft in jeder normalen Zahl auf. Kodiert man die
Klein- und Großbuchstaben des
Alphabets durch die Zahlen 00
bis 52 und die Satz-, Leer- und
Sonderzeichen durch die Zahlen
von 53 bis 99, so kann man den
auf diese Weise verschlüsselten
Text der Bibel unter den Stellen
jeder normalen Zahl finden, und
das nicht nur ein einziges Mal,
sondern beliebig oft. Außerdem
taucht jeder andere Text der
gleichen Länge genauso oft auf.
Überhaupt kann man jedes Buch
der Welt, das jemals geschrieben
wurde und jemals geschrieben
werden wird, unter den Ziffern
einer normalen Zahl entdecken."*

Heinrich Hemme in „Ist die Zahl Pi
aus mathematischer Sicht normal?"
(FAZ, 26.9.2001)

Phönixzahl

Reziproke einer Zahl, dessen
Dezimalbruch periodisch wird
und diese Periode aus um 1
weniger Ziffern besteht als die-
jenige Zahl, von der man das
Reziproke genommen hat,
z. B. 17

potente Zahlen

Zahlen, bei deren Zerlegung
in Primfaktoren jeder Faktor
zweimal vorkommt, z. B. 26,
da $26=2^2*3^2$

prima Zahlen

Primzahlen – mehr unter „P"

Ramsey-Zahlen

große Theorie, die unter
Erdös' Einfluss beim Durch-
streifen von Zahlentheorie,
Geometrie und Kombinatorik
entstand

rationale Zahlen

Zahlen, die sich als Brüche
ganzer Zahlen notieren
lassen

Zahlen, die als Dezimalzahl
geschrieben entweder keine
Stelle hinter dem Komma,
eine begrenzte Anzahl von
Stellen oder unendlich viele,
aber sich periodisch wieder-
holende Stellen hinter dem
Komma haben

reelle Zahlen

unendlich genaue Zahlen

Zahlen, von denen die meisten unendlich viele Dezimalstellen aufweisen

Zahlen auf einem Zahlenstrahl, die sich als Bruch darstellen lassen, plus alle irrationalen Zahlen, bei denen das nicht geht

Riesenzahlen

extrem hohe Zahlen, die schwer zu begreifen sind

römische Zahlen

Zahlen der Bauart MDCCCXLIX

Zahlen, die aus den Kerbzahlen hervorgegangen sind

Zahlen, die zwar intuitiv sind (zwei Striche für die Zwei, drei Striche für die Drei) doch eher dazu taugen, in Stein gemeißelt zu werden, als damit zu rechnen

Zahlen, mit denen man nicht oder nur umständlich rechnen kann

rote Zahlen

Verluste

runde Zahlen

Zahlen mit vielen Nullen

scheingerechte Zahlen

Kennzahlen, die zur objektiven Vermessung eingeführt werden, aber eine autosuggestive Wirkung und manipulative Tendenzen entfalten

schlechte Zahlen

Zahlen, die nur in eine Richtung – nach unten – zeigen

solide Zahlen

gute Zahlen, die die mittelfristige Prognose, z. B. eine Jahresprognose, bestätigen

superperfekte Zahlen

Zahlen, die halb so groß sind wie die Summe der Teiler der Summe ihrer Teiler, z. B. 16, da die Summe ihrer Teiler 1+2+4+8+16=31 und die Summe der Teiler der Summe ihrer Teiler 1+31=32 ist, also zweimal 16

surreale Zahlen

Zahlen, zu denen man kommt, wenn man die Lücken zwischen den Ordinalzahlen so ausfüllen will, wie man die Lücken zwischen den ganzen Zahlen mit den reellen Zahlen ausgefüllt hat

transzendente Zahlen

Zahlen, die den Rest bilden nach dem Entfernen der algebraischen Zahlen aus den reellen

Zahlen, die sich im Nachkommabereich immer weiter fortsetzen, bis ins Unendliche, z. B. Pi

Zahlen, die mit dem Beweis des Lindemannschen Satzes zusammenhängen

Zahlen, die sich niemals aus einer einfachen algebraischen Vorschrift ableiten lassen

traurige Zahlen

Zahlen, die nicht fröhlich sind, bei denen das Rechenverfahren zur Definition fröhlicher Zahlen also nicht beim Wert 1 landet, z. B. 2, da 2^2=4, dann 4^2=16, dann 1^2+6^2=37, dann 3^2+7^2=89 usw.

tückische Zahlen

Zahlen, die von voraussetzungsreichen Modellen generiert werden und damit Ausgangspunkt für Missverständnisse sind:

„So sind Zahlen, die von voraussetzungsreichen Modellen generiert werden, anders zu lesen als Messwerte, die aus übersichtlichen experimentellen Anordnungen stammen. Diese leider kaum zu ändernde Tatsache prädestiniert wissenschaftliche Zahlen als einen Ausgangspunkt für Missverständnisse."

Sibylle Anderl in „Tückische Zahlen" (FAZ, 30.4.2020)

uninteressante Zahlen

Zahlen, die sich bestenfalls als Faxnummern eignen, z. B. 4471123

Vampirzahlen

Zahlen mit einer geraden Anzahl 2n von Ziffern, aus denen sich zwei n-stellige Zahlen bilden lassen, von denen nicht beide mit Null enden und deren Produkt die Ausgangszahl ist, z. B. 1530=51*30

vollkommene Zahlen

Zahlen, deren Teiler sowohl in Summe als auch als Produkt die Zahl selbst ergeben, z. B. 6 mit ihren Teilern 1, 2, 3

Zufallszahlen

gesetzlose Zahlen

Pseudozufallszahlen

Zahlen, die zwar zufällig verteilt aussehen, in Wirklichkeit aber einem bestimmten Muster folgen

Zufallszahlen, die Taschenrechner auf Tastendruck oder Computer bei einem entsprechenden Befehl ausspucken

zweifelhafte Zahlen

Zahlen, die nicht so klar sind, wie sie suggerieren

Gesetz der großen Zahl

Gesetz, wonach mögliche Ausschläge nach unten und oben nach einer bestimmten Frist sich wieder einpendeln, was für statistische Operationen wichtig ist

Zahlenakrobatik

abenteuerliche Rechnung, Trickserei mit Zahlen

Zahlenfälscher

Steuersünder, Spendengauner und Wahlbetrüger

Menschen, die Zahlen frisieren

Zahlenfetischismus

das Umsichwerfen mit Zahlen, das mit dem Bedeutungszuwachs von Zahlen in der Moderne aufgekommen ist

Zahlenfetischist

Mensch, der Zahlen-Magie betreibt

Zahlenfresser

Computer

Zahlenforscher

Mathematiker

Zahlenkünstler

Politiker mit wenig Interesse an Zahlen, der rätselhafte Finanzplanungen vorlegt

Zahlenmensch

Gegenteil von Zampano oder Zirkusdirektor

Mensch, der nicht besonders empathisch wirkt

Zahlennebel

durch Zahlen erzeugte, politisch motivierte Intransparenz

pythagoräischer Zahlenorden fünfter Klasse

Orden, der Robert, der Hauptfigur in Hans Magnus Enzensbergers Buch „Der Zahlenteufel", im Palast der Zahlenteufel verliehen wird

Zahlenschnüre

Schnüre, mit dessen Hilfe Sumerer und Mayas bereits vor Tausenden von Jahren Zahlen darstellten

Zahlensinn

angeborener Sinn für Quantitäten

binäres Zahlensystem

Zahlensystem, auf dem die heutige Digitalisierung beruht

dezimales Zahlensystem

Zahlensystem, das die Zeichen von 1 bis 9 und die Null als Platzhalter beinhaltet

Zahlenteufel

Teufel aus dem namensgleichen Kinderbuch von Hans Magnus Enzensberger, der zwar schnell jähzornig wird, aber unterhaltsam und spannend mit Zahlen jongliert

Zahlentheorie

Zweig der Mathematik, der sich mit den besonderen Eigenschaften von Zahlen beschäftigt

Teilgebiet der Mathematik, in der es vor Vermutungen wimmelt, die plausibel sind und von scheinbar überwältigend vielen Berechnungen belegt wurden, aber dennoch falsch sind

234 - Theorie der idealen Zahlen

mathematische Disziplin, in der man sich z. B. mit der Frage beschäftigt, ob in der Verteilung der Primzahlen eine Systematik zu erkennen ist

Paradebeispiel für eine – weiß Gott – realitätsenthobene mathematische Disziplin, die in unseren Tagen raffinierte Methoden zur Verschlüsselung geheimer Nachrichten liefert

Theorie der idealen Zahlen

Theorie, die von Kummer entwickelt wurde und heute zum klassischen Bestand der Algebra gehört und tiefgreifende Resultate lieferte

mathematisch-musikalische Zauberwelt

Werke des Komponisten Iannis Xenakis:

„Wie es klingt, wenn mathematische Funktionen auf ein Orchester angewendet werden, hat Iannis Xenakis schon in den fünfziger Jahren vorgeführt. In ,Metastaseis' übertrug er Quantisierung und Wahrscheinlichkeit auf die Musik und schuf so Klangmassen und Tonwolken von unerhörter Gestalt, Tiefe und Kraft. In seinem neuesten Werk ,Koirani' für Orchester, in Hamburg uraufgeführt, ist das Kalkül immer noch wirksam. Doch Xenakis lässt seiner Subjektivität deutlich mehr Raum."

Hilmar Schulz in „Mathematisch-musikalische Zauberwelt" (FAZ, 15.3.1996)

Zahlentrick

Methode zum Aufhübschen von Finanzinformationen

Zahlenzauberer

Wissenschaftler, dem die Bescheidenheit fehlt, die Grenzen einer mathematischen Modellierung zuzugeben, und der sein Publikum dazu bringt, vor komplizierten Formeln demütig den Kopf zu neigen

Zauberformel

Zahlenkombination, die in der Schweiz die Zuteilung der Bundesratssitze für die wählerstärksten Parteien regelt, um möglichst alle bedeutenden politischen Strömungen in der Regierung vertreten zu haben, z. B. 2-2-2-1, so dass den drei stärksten Parteien jeweils zwei Bundesratssitze zustehen und der viertstärksten ein Sitz

Eberhard Zeidler (1940-2016)

Mathematikprofessor und geschäftsführender Direktor des Max-Planck-Instituts für Mathematik in den Naturwissenschaften in Leipzig (2000)

Zentrifugillionen

Zahlwort für die Summen, die Onkel Dagobert besitzt

Ernst Zemelo (1871-1953)

Erfinder des Auswahlaxioms

Mathematiker, der 1932 die gesammelten Werke von Cantor herausgab

Zero

Zahlengemälde von Robert Indiana aus dem Jahr 1964

Riemannsche Zetafunktion

spezielle komplexe Funktion

für Nichtmathematiker hochesoterische Zahlenbeziehung, bei der es um Primzahlprobleme geht

Zib

Konrad-Zuse-Zentrum für Informationstechnik Berlin

Günter M. Ziegler (*1963)

Mathematikprofessor und Ko-Autor des Buches „Proofs from THE BOOK" („Das BUCH der Beweise") (1998)

37 Jahre alter Mathematikprofessor, der jünger als die meisten seiner Kollegen und jünger auch als einige seiner Studenten an der Technischen Universität Berlin ist (2000)

Mathematiker und Mitherausgeber der Sammlung „Pi & Co" mathematischer Texte (2008)

Präsident der Deutschen Mathematiker-Vereinigung (2008)

Mathematiker von der Freien Universität Berlin, der bereits viel dafür getan hat, seine Disziplin hierzulande populärer zu machen und nun ein Bilderbuch mit dem Titel „Mathematik – Das ist doch keine Kunst!" vorgelegt hat (2013)

Geometrie-Spezialist und Professor an der FU Berlin (2018)

Ziffer

Zahlzeichen:

„Was Ziffern und schriftliches Rechnen für das Auffinden mathematischer Gesetze und für die Magie der Zahlen bedeuten, ist vergleichbar damit, was Alphabet und Schrift für unsere Gesetzgebung und für die Poesie bedeuten."

Thomas de Padova in „Schöne neue Formelwelt" (Tagesspiegel, 9.5.2021)

arabische Ziffern

1,2,3...

neuer Zahlenkontinent:

„Für ungeschulte Betrachter waren sie kaum zu entschlüsseln. Denn hinter der Schreibweise der Ziffern 1,2,3... war, anders als hinter den römischen Ziffern I,II,III..., keinerlei Logik zu erkennen. Man nannte sie daher die ‚neun Figuren', ergänzt um einen kleinen Kreis, ein wundersames Zeichen für das Nichts, auch ‚zephirum' oder ‚zeiffer' genannt."

Thomas de Padova in „Schöne neue Formelwelt" (Tagesspiegel, 9.5.2021)

römische Ziffern

I, II, III

alter Zahlenkontinent

Zimmermannsregel

Regel, mit der leicht ein rechter Winkel zu legen ist, z. B. 3, 4, 5

Zipfsches Gesetz

mathematisches Gesetz, das sich aus der Variabilität der Satzlänge im Text ergibt und selbstähnliche, kaskadenartige Strukturen und ein Gleichgewicht zwischen Zufälligkeit und Ordnung ausdrückt

Zirkel und Lineal

Werkzeuge der klassischen Geometrie, mit denen Mathematiker Abbilder der reinen Formen aus dem Geistesreich Platos konstruieren

Zollstockproblem

Frage, ob sich ein Strang starrer Stäbe in einer Ebene stets entwirren lässt, egal wie vertrackt die Stangen verdreht sind

Zufall

bestimmender Faktor in Prozessen wie die Auf-und-ab-Bewegungen von Aktienkursen, die Ausbreitung einer Virusepidemie und die Erträge einer Windkraftanlage

Ermöglicher des Unerwarteten

etwas, durch das das Neue in die Welt kommt

etwas, das nicht per Computer erzeugt werden kann, da sich Computer nicht am Zufall versuchen, sondern ihn berechnen

zufällig

Eigenschaft eines Dings, das nicht auf Beschreibungen reduziert werden kann, die weniger komplex sind als sie selbst

Zufallsgenerator

Zahlengenerator, der zufällige Abfolgen von Nullen und Einsen erzeugt, die aber nicht völlig zufällig sind

Pseudo-Zufallsgenerator

Programm, um mit dem Computer eine zufällige Zahlenfolge zu berechnen

Zufallsgrad einer Zahlenreihe

Maß dafür, wie schwer die Glieder einer Zahlenreihe vorherzusehen sind

Zufallsverfahren

Rechenverfahren, bei dem der Zufall eingesetzt wird

eine lokal zusammenhängende Umgebung besitzen

Eigenschaft, die in etwa besagt, dass Gebilde im Kleinen wie aus einem Guss aussehen und sich nicht auflösen

Konrad Zuse (1910-1995)

Mathematiker, der 1941 den ersten Allzweckrechner baute

Erfinder des ersten real existierenden Computers

Erfinder der Z3, einer Rechenmaschine, die elektromagnetisch lief, also mit Röhren und später Transistoren und Relais, und im Prinzip ein Computer war, wie wir ihn heute nutzen, natürlich noch nicht mit dem Komfort

2

kleinste Primzahl, einzige gerade Primzahl und die einzige, auf die eine weitere folgt

Katharina Zweig (*1976)

Mathematikerin, die am Informatikinstitut der TU Kaiserslautern lehrt und eine der Gründerinnen der Initiative „Algorithm Watch" ist

Zweistein

Denker, Tüftler, Spieler und Zahlenjongleur von artistischem Temperament

Autor des Buchs „Von Eins bis Dreizehn: Zweisteins Zahlen-Magie. Mathematisches und Mythisches über einen Gebrauchsgegenstand"

42

Zahl, die gemäß Douglas Adams' Kultbuch „Per Anhalter durch die Galaxis" die Antwort auf die ultimative Frage verkörpert

William Zwicker (*1949)

Mathematiker, der mit Alan Taylor und Fred Galvin ein Verfahren ausbaldowert hat, mit dem sich beliebig viele Kuchenesser einen Kuchen mit endlich vielen Schritten neidfrei unter sich aufteilen können

Ich danke allen Verlagen und Redaktionen, die der Mathematik Raum geben – hier insbesondere Frankfurter Allgemeine Zeitung, Die Zeit, Der Tagesspiegel, Süddeutsche Zeitung, nd, die tageszeitung, Frankfurter Rundschau, Der Spiegel, Berliner Zeitung, Neue Zürcher Zeitung, Berliner Morgenpost, Der Standard, Kurier, Salzburger Nachrichten, Schwäbische Zeitung und Rheinische Post. Ein besonderer Dank geht an alle, die mir für die Nutzung von Textauszügen so unkompliziert und großzügig eine Genehmigung gegeben haben, wo diese benötigt wurde, darunter: